Chemie der anorganischen Komplexverbindungen

Ein Grundriß für Studierende

von

Dr. Robert Schwarz
a. o. Professor an der Universität Freiburg i. B.

Berlin und Leipzig 1920
Vereinigung wissenschaftlicher Verleger
Walter de Gruyter & Co.
vormals G. J. Göschen'sche Verlagshandlung :: J. Guttentag, Verlagsbuchhandlung :: Georg Reimer :: Karl J. Trübner :: Veit & Comp.

Chemie der anorganischen Komplexverbindungen

Ein Grundriß für Studierende

von

Dr. Robert Schwarz
a. o. Professor an der Universität Freiburg i. B.

Berlin und Leipzig 1920
Vereinigung wissenschaftlicher Verleger
Walter de Gruyter & Co.
vormals G. J. Göschen'sche Verlagshandlung :: J. Guttentag, Verlagsbuchhandlung :: Georg Reimer :: Karl J. Trübner :: Veit & Comp.

Druck von Metzger & Wittig in Leipzig.

Vorwort.

Das vorliegende Buch bezweckt eine möglichst übersichtliche und darum mit nicht zuviel Tatsachenmaterial belastete Einzeldarstellung der Chemie der Komplexverbindungen. Dieses Gebiet wird in den meisten Lehrbüchern der anorganischen Chemie nur sehr kurz behandelt, zu kurz für den Studierenden, der sich etwas eingehender damit befassen möchte, vor dem Studium von Werners „Neuere Anschauungen auf dem Gebiet der anorganischen Chemie", dem bis vor kurzem einzigen ausführlichen Werke über Komplexverbindungen, aber zurückschreckte.

Die Lektüre dieses klassischen Buches wird der, welcher eingehendere Kenntnisse erwerben will, nicht umgehen können. Das Verständnis dafür soll ihm durch den vorliegenden Grundriß erleichtert werden.

Den gleichen Zweck verfolgt das während der Abfassung dieser Arbeit erschienene Buch von R. Weinland, „Einführung in die Chemie der Komplexverbindungen" (Verlag Enke), auf das ich denjenigen, welcher eine umfangreichere Darstellung und reiches Tatsachenmaterial sucht, hinweisen möchte.

Robert Schwarz.

Inhaltsübersicht.

I. Einleitung.

1. Die Konstitution chemischer Verbindungen.

a) Die Verbindungsgewichte.

Die chemischen Elemente verbinden sich untereinander nicht in willkürlichen und schwankenden Gewichtsverhältnissen, sondern stets nach bestimmten Gesetzmäßigkeiten. Diese Erfahrungstatsache wurde zu Beginn des 19. Jahrhunderts aufgefunden und später auf Grund einer großen Zahl sorgfältig ausgeführter quantitativer Analysen chemischer Verbindungen endgültig bestätigt. Soviel Stoffe man untersuchte, stets stellte sich heraus, daß in ein und derselben Verbindung die Prozentzahlen der Elemente die gleichen waren. Weiterhin erkannte man, daß zwei Elemente auch mehrere Verbindungen miteinander bilden können. Dann aber standen die Mengen eines der beiden Elemente, die mit ein und derselben Gewichtsmenge des anderen Elementes verbunden waren, zueinander im Verhältnis einfacher ganzer Zahlen.

Aus diesem Gesetz von der konstanten und multiplen Proportion ergaben sich nun weiterhin für alle Elemente bestimmte Verbindungsgewichte, wenn nämlich die analytisch gefundenen Prozentzahlen auf eine willkürlich als Einheit gewählte Grundzahl bezogen wurden. Aus den bei der Analyse des Wassers gefundenen Zahlen 88,81 % Sauerstoff und 11,18 % Wasserstoff ergibt sich, wenn Sauerstoff willkürlich = 1 gesetzt wird, für Wasserstoff das Verbindungsgewicht 0,126. Setzt man diesen = 1, so erhält man für Sauerstoff 7,94.

Das Verhältnis der Verbindungsgewichte der beiden Elemente ist also annähernd 1:8. Man wählt nun, um keine Zahlen, die kleiner als 1 sind, zu erhalten, als Norm den Wert 8 für Sauerstoff und erhält dann für Wasserstoff, das Element mit dem kleinsten relativen Gewicht, die Zahl 1,008. Dies ist also das (relative) Verbindungsgewicht des Wasserstoffs.

Rechnet man nun die Prozentzahlen aller Verbindungen in der Weise um, daß Sauerstoff als Norm stets gleich 8 ist, so findet man für jedes Element eine bestimmte Zahl als die Gewichtsmenge, welche sich immer wieder restlos mit einer ebenso berechneten Gewichtsmenge eines anderen Elementes vereinigt.

So lassen sich also mit Hilfe der quantitativen Analyse unter Zugrundelegung einer Einheit die Verbindungsgewichte aller Elemente ermitteln und es gilt das Gesetz, daß die Gewichtsverhältnisse sämtlicher Verbindungen durch die Verbindungsgewichte oder deren rationaler Vielfachen bestimmt sind.

b) Atomgewicht und Wertigkeit.

Auf Grund hier nicht näher zu beschreibender Erscheinungen ergibt sich nun weiterhin, daß im Wasser nicht ein Atom H mit einem Atom O verbunden ist, sondern deren zwei, ihm also nicht die Formel HO, sondern H_2O zukommt. Demnach ist die kleinste Gewichtsmenge Sauerstoff, welche eine Verbindung eingeht, nicht gleich 8, sondern 16, also gleich dem doppelten Verbindungsgewicht. Diese kleinste Gewichtsmenge bezeichnen wir als das (relative) Atomgewicht.

Das Atomgewicht ist entweder gleich dem Verbindungsgewicht, wie beim Wasserstoff, oder gleich einem ganzen Vielfachen, dem Zweifachen beim Sauerstoff. Der Sauerstoff hat also die Fähigkeit, zwei Atome Wasserstoff zu binden, andere Elemente vermögen deren drei und vier zu binden.

Setzen wir den Wasserstoff als Grundwert der Verbindungsfähigkeit ein, so ergibt sich, daß es verschiedenwertige Atome gibt, und zwar je nach dem, ob sie sich mit einem, zwei oder drei Wasserstoffatomen vereinigen können, einwertige, zweiwertige, dreiwertige usw. Ist keine Wasserstoffverbindung bekannt, so vergleichen wir den Wert an der Bindungsfähigkeit eines anderen einwertigen Elementes, also eines solchen, das sich mit einem Wasserstoffatom vereinigt. Die so gewonnene Zahl bezeichnet man als Wertigkeit oder Valenz.

Aus den Formeln

HCl^{I}, H_2O^{II}, H_3As^{III}, H_4C^{IV}, Cl_5P^{V}, Cl_6W^{VI}, $O^{II}_7Mn^{VII}_2$, $O^{V}_4Os^{VIII}$

ergibt sich die Valenz des

Cl	zu 1	P	zu 5
O	zu 2	W	zu 6
As	zu 3	Mn	zu 7
C	zu 4	Os	zu 8.

Will man die Wertigkeit zu bestimmten Zwecken hervorheben, so deutet man sie wie in der obigen Reihe in den Formeln durch einen Index mit römischer Zahl an.

Die Valenz ist die Zahl der Atome Wasserstoff oder irgendeines anderen einwertigen Elementes, mit der das Atom des Elementes sich verbindet oder die es ersetzt.

c) Wechselnde Wertigkeit.

Der Begründer der Valenzlehre, Kekulé, stellte den Satz auf, daß die Valenz der Elemente eine konstante, niemals veränderliche Größe sei. In der Hauptsache mag die bei der ungeheuren Zahl der Kohlenstoffverbindungen stets wieder bewiesene Vierwertigkeit dieses Elementes der Anlaß zu dieser Behauptung gewesen sein. Die der Gesetzmäßigkeit im Wege stehende Existenz des Kohlenmonoxyds konnte ohne große Schwierigkeit mit ungesättigten Valenzen erklärt werden. Weniger leicht mit der Theorie von der konstanten Valenz waren die Elemente in Einklang zu bringen, wo offensichtlich zwei verschiedene Wertigkeiten vorlagen und nur mit Hilfe einer ad hoc gemachten Formel eine Verbindung in den Rahmen der bevorzugten Valenz eingepreßt werden konnte. So gab man dem Ferrochlorid $FeCl_2$, um der Dreiwertigkeit des Eisens nicht auch noch eine Zweiwertigkeit an die Seite zu stellen, die Formel Fe_2Cl_6, wodurch nach dem Formelbilde

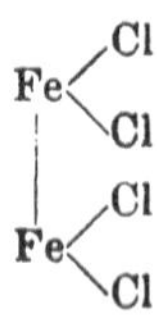

die Dreiwertigkeit des Eisens gewahrt blieb.

Neben dem vom dreiwertigen Phosphor sich ableitenden Phosphortrichlorid PCl_3 war noch das Phosphorpentachlorid bekannt. Hier half man sich der Theorie zu liebe mit der Behauptung, daß eine sogenannte additionelle Verbindung der Formel $PCl_3 \cdot Cl_2$ vorliege, und sah einen Beweis für eine derartige Formulierung in der tatsächlich vorliegenden Spaltung (Dissoziation) des PCl_5 in PCl_3 und Cl_2 im Gaszustand.

Neuere Untersuchungen zeigten aber doch schließlich die Haltlosigkeit der Lehre von der konstanten Valenz. Es stellte sich heraus, daß das dem Phosphorpentachlorid analoge PF_5 ohne Dissoziation verdampfte, die Molekulargewichtsbestimmung durch Gefrierpunktserniedrigung lehrte, daß dem Ferrochlorid die einfache Formel $FeCl_2$ zukomme, und endlich ging aus der Entdeckung der sogenannten Oxoniumverbindungen hervor, daß sogar der Sauerstoff nicht nur zweiwertig, sondern auch vierwertig auftreten kann.

So war man schließlich genötigt, dahin die Valenztheorie zu erweitern, daß ein Element sich mit wechselnden Valenzen betätigen kann. Lediglich für den Kohlenstoff erwies es sich aus den Reaktionen seiner Verbindungen heraus als zweckentsprechend, die Vierwertigkeit auch in Stoffen wie C_2H_2 und C_2H_4 beizubehalten und in ihnen ungesättigte Valenzen in Form von doppelten und dreifachen Bindungen gemäß den Formeln

$$\begin{matrix} C = H_2 \\ C = H_2 \end{matrix} \quad \text{und} \quad \begin{matrix} C - H \\ | \\ C - H \end{matrix}$$

anzunehmen.

Bei genauerer Betrachtung der verschiedenen Verbindungen eines Elementes zeigt sich, daß die Wertigkeit erstens von dem Charakter des in Reaktion tretenden zweiten Elementes und zweitens von äußeren Bedingungen insbesondere von der Temperatur abhängig ist. So kann beispielsweise das Mangan dem Sauerstoff gegenüber zwar siebenwertig (Mn_2O_7), dem Chlor gegenüber jedoch nur vierwertig auftreten. Schwefel ist für Wasserstoff zweiwertig (H_2S), für Sauerstoff und Fluor dagegen sechswertig (SO_3 und SF_6). Bei höherer Temperatur bleibt aber auch der Schwefel dem Sauerstoff gegenüber nicht sechswertig, wie aus der Unbeständigkeit des Schwefeltrioxyds hervorgeht, sondern betätigt dann nur noch vier Valenzen.

Demnach kann man also die Wertigkeit eines Elementes als variable Größe bezeichnen, die jedoch für jeden besonderen Fall genau festgelegt ist und niemals überschritten werden kann. Ist die Zahl erreicht, so kann das Atom weitere Bindungen nicht mehr eingehen. An diesem Grundsatze muß die Valenzlehre unverrückt festhalten. Sie würde gegenstandslos werden, wollte sie für jeden beliebigen Fall Ausnahmen zugestehen.

2. Unzulänglichkeit der Valenzlehre. Die Verbindungen höherer Ordnung.

Die Valenzlehre hat sich für die Erklärung des Entstehens und Verhaltens einfacher chemischer Verbindungen bewährt, sie reicht aber nicht aus für die Verbindungen höherer Ordnung. Darunter versteht man die durch den Zusammentritt zweier oder mehrerer an sich schon fertiger Moleküle entstehenden Stoffe. Der allgemeine Vorgang ihrer Bildungsweise ist folgender:

$$AB + CD = (ABCD).$$

Obwohl durch den Zusammentritt des Atoms A und des Atoms B deren Valenzen restlos betätigt sind, folglich nach der Valenzlehre das fertige Molekül AB zu einer weiteren Bindung nicht mehr befähigt ist, wird nun doch noch das in sich ebenso abgesättigte Molekül CD angelagert. Eine Erklärung, welche Kräfte diesen Vorgang bewerkstelligen, kann die Valenzlehre nicht geben. Und doch spielen solche Verbindungen höherer Ordnung, früher vielfach auch Molekülverbindungen genannt, wie die nachfolgende Übersicht zeigt, eine bedeutende Rolle in der anorganischen Chemie. Als Vertreter der einzelnen Klassen seien genannt:

$$\left.\begin{array}{lll} PtCl_4 & + 2NH_3 & = PtCl_4 \cdot 2NH_3 \\ CoCl_3 & + 6NH_3 & = CoCl_3 \cdot 6NH_3 \end{array}\right\} \text{Metallammoniake}$$

$$\left.\begin{array}{lll} CaCl_2 & + 6H_2O & = CaCl_2 \cdot 6H_2O \\ SO_3 & + H_2O & = H_2SO_4 \end{array}\right\} \text{Hydrate}$$

$$\left.\begin{array}{lll} KCl & + AuCl_3 & = KAuCl_4 \\ K_2SO_4 & + Al_2(SO_4)_3 & = K_2Al_2(SO_4)_4 \end{array}\right\} \text{Doppelsalze}$$

Alle diese Typen, die Metallammoniake, die Hydrate, die Doppelsalze unterscheiden sich nach der Art ihres Entstehens keineswegs von einander. Lediglich in wäßriger Lösung besteht insofern ein Unterschied, als sie in verschiedenem Maße wieder rückwärts in ihre Komponenten zerfallen. Diejenigen Verbindungen, welche eine erhebliche Beständigkeit in Lösung zeigen und nur in unbedeutendem Maße den engen Zusammenhang der Einzelglieder verlieren, werden als „Komplexverbindungen" bezeichnet. In welcher Weise es gelingt, den Bau der komplexen Moleküle und den Grad ihres Zerfalls zu erkennen, wird später gezeigt werden. Zunächst sei nur betont, daß zahllose Übergänge zwischen den vollkommen beständigen, eigentlichen „Komplexverbindungen“ und den restlos zerfallenden eigentlichen „Doppelsalzen“ vorhanden sind und daher eine scharfe Trennung nicht gemacht werden kann.

Es ist von Interesse, daß die Valenzlehre eine Klasse dieser Verbindungen höherer Ordnung, eine der wichtigsten für die ganze anorganische Chemie, nämlich die Verbindungen des Wassers mit Oxyden der Metalle und Metalloide dadurch scheinbar einwandfrei erklären konnte, daß der Sauerstoff in den Oxyden die Fähigkeit sich „aufzurichten“ besitzt. Damit soll gesagt sein, daß er aus der doppelten Bindung in die einfache übergeht, wodurch jeweils eine Bindung für das anzulagernde Wassermolekül frei wird:

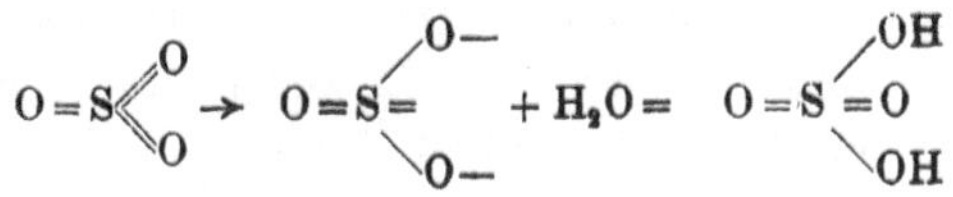

Diese zunächst recht plausibel anmutende Erklärung kann jedoch bei einer näheren Betrachtung nicht genügen, weil sie auf den völlig analogen Vorgang der Anlagerung an Verbindungen einwertiger Metalloide nicht anwendbar ist. In diesem Falle kann niemals durch „Aufrichten“ eine Bindung frei werden, es muß also ein anderer Vorgang dem Zustandekommen sowohl der sauerstoffhaltigen Molekülverbindungen nach dem Beispiel

$$K_2O + SO_3 = K_2SO_4,$$

als auch der Verbindungen einwertiger Elemente nach dem Beispiel

$$KCl + AuCl_3 = KAuCl_4$$

zugrunde liegen.

Es spricht noch ein weiterer Umstand gegen die von der Valenzlehre gegebene Erklärungsweise. Wenn nämlich die Oxyde in der Tat durch das „Aufrichten“ der Sauerstoffatome Wasser anzulagern imstande wären, so müssten folgerichtig bei den Elementen der zweiten Periode des periodischen Systems Si, P, S, Cl folgende Hydrate entstehen:

$$Si(OH)_4 \quad P(OH)_5 \quad S(OH)_6 \quad Cl(OH)_7 .$$

Statt dessen bilden sich bekanntlich folgende Verbindungen:

$$Si(OH)_4 \quad PO_4H_3 \quad SO_4H_2 \quad ClO_4H_1 .$$

Daraus folgt, daß alle diese Elemente, unabhängig von der Zusammensetzung des anhydrischen Oxydes, nur vier Sauerstoffatome anzulagern imstande sind, und gerade soviel Wasserstoffatome, als sie auch unmittelbar in Form von Hydriden, entsprechend

$$SiH_4 \quad PH_3 \quad SH_2 \quad ClH_1$$

binden würden. Diese übereinstimmende Erscheinung deutet darauf hin, daß das Wesentliche beim Entstehen solcher Wasseranlagerungsverbindungen nicht in der Bildung von Hydroxylgruppen durch Aufrichten der Sauerstoffatome zu suchen ist, sondern in der Fähigkeit jedes Elementes, gerade vier Sauerstoffatome an sich zu binden, um seinen Valenzkräften genüge zu tun.

In Übereinstimmung mit dieser Annahme sind die Oxyde des Osmiums und Rutheniums, OsO_4 und RuO_4, überhaupt nicht mehr fähig, durch Wasseranlagerung Säuren zu bilden.

Das Entstehen der Verbindungen höherer Ordnung läßt sich also in einem Fall nur gezwungen, in anderen Fällen überhaupt nicht auf Grund der Valenzlehre erklären. Wir sind genötigt, diese zu verlassen oder doch zum mindesten zu erweitern, um den Tatsachen gerecht werden zu können. Dies gelingt nun mit Hilfe der sogenannten Koordinationslehre.

II. Koordinationslehre.

1. Theorie der Nebenvalenzen.

Um die Erscheinung befriedigend erklären zu können, daß ein nach der Valenzlehre abgesättigtes, fertiges Molekül noch Kräfte in sich besitzt, andere Moleküle fest an sich zu fesseln, hat A. Werner den Begriff der Nebenvalenz eingeführt: er definiert dieses neue Prinzip folgendermaßen:

„Auch dann, wenn, nach der Valenzzahl zu schließen, das Bindevermögen bestimmter Atome erschöpft ist, besitzen diese doch in den meisten Fällen noch die Fähigkeit, sich unter Bildung ganz bestimmter Atombindungen am weiteren Aufbau komplexer Moleküle zu beteiligen. Die Möglichkeit dieser Betätigung ist darauf zurückzuführen, daß neben den als Hauptvalenzen bezeichneten Affinitätswirkungen an den Atomen noch andere, Nebenvalenzen genannte, zur Tätigkeit gelangen können."

Wir betrachten, um uns den Sinn und Wert dieser Theorie vor Augen zu führen, einige der oben genannten Verbindungen höherer Ordnung, zunächst die Verbindung $PtCl_4 \cdot 2\,NH_3$.

Untersucht man eine wäßrige Lösung derselben, so ergibt sich die überraschende Tatsache, daß mit Silbernitrat kein Chlorsilber gefällt wird. Daraus muß man folgern, daß die Chloratome nicht als Ionen abdissoziiert sind. Mißt man die Leitfähigkeit der Lösung, so stellt sich heraus, daß diese außerordentlich gering ist, mithin der Dissoziationsgrad beinahe gleich Null sein muß. Welche Formel muß man nun einer solchen Verbindung auf Grund ihres Verhaltens in Lösung erteilen?

Auf der Valenzlehre fußend, die dem Platin Vierwertigkeit vorschreibt, könnten wir die Formel

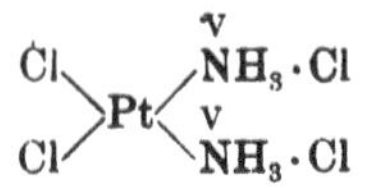

aufstellen, die gewissermaßen ein substituiertes Ammoniumchlorid darstellt. In ihr übernimmt das fünfwertig gewordene Stickstoffatom die Bindung des Chlor- und Platinatoms. Die Formel ist deshalb falsch, weil nach ihr die Verbindung in wäßriger Lösung, ebenso wie NH_4Cl, gute Leitfähigkeit zeigen müßte. Auch müßten mit Silbernitrat wenigstens zwei Chloratome ausgefällt werden. Beides aber ist, wie oben erwähnt, nicht der Fall.

Mit Hilfe der Nebenvalenztheorie aber läßt sich eine Formel, die allen Erscheinungen gerecht wird, aufstellen:

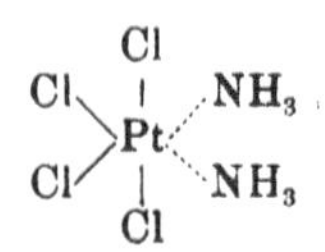

Neben seinen vier Hauptvalenzen betätigt das Platinatom noch zwei Nebenvalenzen, die die Bindung der Ammoniakmoleküle übernehmen. Diese Nebenvalenzen, im Formelbild durch gestrichelte Linien angedeutet, bewirken, daß die Ammoniakmoleküle in direkte Bindung mit dem Platinatom treten, ohne daß in der direkten Bindung der Chloratome eine Änderung eintreten müßte. Betont sei, daß mehr als zwei NH_3-Moleküle nicht angelagert werden können, ohne daß eine wesentliche Änderung im Verhalten der Chloratome auftritt. Weiterhin ist hervorzuheben, daß die Gesamtzahl der addierten Atome und Moleküle sechs beträgt.

Wenden wir uns nun einer zweiten Metallammoniakverbindung, dem $CoCl_3 \cdot 6\,NH_3$ zu.

Dieses Salz ist in wäßriger Lösung ein guter Leiter der Elektrizität, es ist ein Elektrolyt, als dessen Anion wir durch die Fällbarkeit mit Ag-Ionen das Cl-Ion erkennen. Bei der quantitativen Analyse ergibt sich weiterhin, daß alle drei Chloratome der Verbindung mit Silbernitrat ausfallen. Behandelt man die Lösung mit Schwefelsäure, so entsteht das dem Chlorid entsprechende Sulfat, ohne daß erstaunlicherweise die NH_3-Moleküle durch die Behandlung mit der starken Säure herausgenommen worden wären.

Nach diesem Verhalten der Verbindung wird ihr auf Grund der Nebenvalenzlehre die Konstitutionsformel

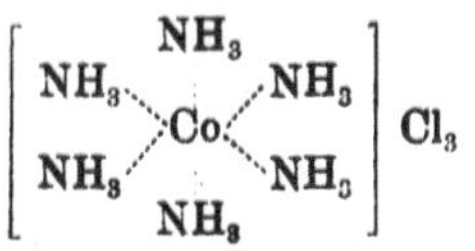

zugeschrieben. Wir nehmen an, daß die Addition der sechs Ammoniakmoleküle durch Nebenvalenzen erfolgt ist. Sie sitzen in direkter Bindung an dem Kobaltatom, das als „Zentralatom“ des Komplexes fungiert. In dieser komplexen Bindung gehen die spezifischen Eigenschaften nicht allein des Ammoniaks, sondern auch des Kobalts verloren. Die Chloratome dagegen haben ihre typischen Reaktionen beibehalten, sie sind mit Silbernitrat fällbar und daher als Ionen in Lösung vorhanden, was auch durch die Leitfähigkeit der Verbindung bestätigt wird. Für sie nimmt man daher eine andere, indirekte Bindung an. Sie stehen außerhalb des eigentlichen „Kerns“, der als solcher ein geschlossenes Ganzes darstellt, was in der Strukturformel durch eine eckige Klammer gekennzeichnet wird.

Auch in dieser Verbindung sind wieder sechs Einzelbestandteile im Komplexkern gebunden.

Von demselben Gesichtspunkte aus lassen sich nun auch die zuvor erwähnten Sauerstoffverbindungen, denen die Valenzlehre eine Sonderstellung erteilte, einwandfrei erklären. Das Zustandekommen der Schwefelsäure aus SO_3 und H_2O ergibt sich dadurch, daß das Schwefelatom nach folgendem Schema

$$SO_3 + OH_2 = O_3S \ldots OH_2$$

unter Betätigung einer Nebenvalenz den Sauerstoff des

Wassers bindet und so zum Zentralatom eines Komplexkerns

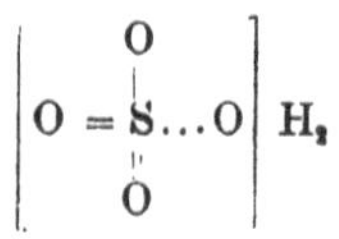

wird. Die Wasserstoffatome stehen in der lockeren, indirekten Bindung und werden in wäßriger Lösung deshalb als Ionen abdissoziiert.

Es steht naturgemäß der Annahme nichts im Wege, daß sekundär in solchen Fällen, wo Doppelbindungen vorhanden sind, auch Umlagerungen zu einer Struktur eintreten können, wie sie aus der Valenzlehre geläufig sind, z. B. also die Komplexverbindung

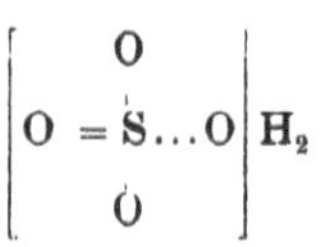 in 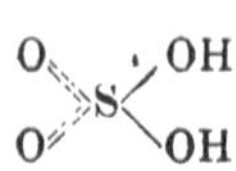

übergeht. Sehr wahrscheinlich ist dies jedoch nicht, da ja die ganz analogen Anlagerungsverbindungen wie $PtCl_4 : (NH_3)_2$, wo eine Umlagerung unmöglich ist, sehr beständig sind.

2. Allgemeine Konstitution der Komplexverbindungen.

Aus den betrachteten Beispielen erkennen wir also, daß das Platin- wie das Kobaltatom in seiner Stellung als Zentralatom in der Lage ist, in Summa sechs Radikale oder Moleküle, das Schwefelatom dagegen vier unter Bildung eines Komplexkernes zu binden.

Diese „koordinierten“ Gruppen befinden sich in „erster Zone“. Die Zahl, welche über ihre Menge Aufschluß gibt, heißt Koordinationszahl. Die „maximale Koordinationszahl“ gibt an, wieviel Atome im Maximum in erster Zone eines Elementes stehen können. Sie beträgt beim Platin 6, beim Schwefel 4. Die Mehrzahl der Metalle hat die Zahl 6. Außer dem Schwefel hat auch Phosphor, Kohlenstoff, Stickstoff und Bor die Koordinationszahl 4.

Außerhalb des Kernes befinden sich die valenz-chemisch ebenfalls zum Gesamtmolekül gehörigen Atome, denen durch diese Stellung eine lockere Verknüpfung, eine „indirekte“ Bindung zuerkannt wird. Eine Folge dieser lockeren Bindungsweise ist die Fähigkeit solcher Atome, in wäßriger Lösung als Ionen abgespalten zu werden. Man nennt sie daher auch ionogen gebunden.

Für das Wesen der Koordinationszahl ist charakteristisch, daß sie von der Natur der an das Zentralatom tretenden Radikale oder Moleküle unabhängig ist. Sie behält ihren gleichen Wert, ob neutrale Wassermoleküle oder saure Radikale, wie Cl′, Br′, NO'_2, CN′, Hydroxylgruppen, Sauerstoffatome oder Ammoniakmoleküle eintreten. Alle diese, gleichgültig ob nullwertig, einwertig oder zweiwertig, besetzen stets nur eine Koordinationsstelle. Mehrwertige Säurereste dagegen, wie SO_4'', CO_3'', C_2O_4'', können bald eine, bald zwei Stellen besetzen. Zur Erklärung dieser scheinbaren Willkür kann man sagen, daß solche Radikale die abzusättigenden Valenzen an verschiedenen, räumlich getrennten Atomen besitzen, der Karbonatrest z. B. im Sinne folgender Formulierung:

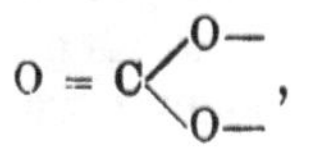

und daher auch zwei Koordinationsstellen zu besetzen vermögen.

Daß derartige Raumfragen in der Tat eine gewichtige Rolle spielen, wird aus den später zu erörternden stereochemischen Betrachtungen klar werden.

Ein allgemeiner Überblick über die Schar der Komplexverbindungen zeitigt die wichtige Erkenntnis, daß die verschiedenen Elemente durchaus nicht die gleiche Fähigkeit oder Neigung zur Komplexbildung besitzen.

So sind Komplexverbindungen, bei denen ein Alkalimetall im Kerne als Zentralatom fungiert, überhaupt nicht bekannt. Andererseits ist die Mehrzahl aller Verbindungen der Edelmetalle komplexer Natur. Bei einer Betrachtung der sogenannten Spannungsreihe, in der die Elektroaffinität der Metalle einen Ausdruck findet, zeigt sich nur ganz allgemein, daß die Neigung zur Bildung komplexer Verbindungen mit abnehmender Elektroaffinität wächst. Dies ist so zu verstehen, daß die Ionen von gering elektroaffinen Metallen, die „schwachen“ Ionen, sich durch Anlagerung an andere Ionen oder Neutralteile der selbständigen Ionenbildung entziehen. Im komplexen Ion braucht das Atom, welches wenig Neigung zur Elektrizität hat, seine Ladung nicht allein zu tragen, sondern teilt sich gewissermaßen mit anderen in die Last der Ladung.

Die bei den Alkalimetallen noch gänzlich fehlende Fähigkeit zur Komplexbildung beginnt erst etwa beim Magnesium, das im Karnallit

$$KCl, MgCl_2 = [MgCl_3]K$$

als Zentralatom des Kerns $[MgCl_3]$ auftritt.

Hier ist freilich infolge der immerhin bedeutenden Elektroaffinität in wäßriger Lösung noch ein so starker Zerfall in die Einzelkomponenten vorhanden, daß die Verbindung weniger als Komplexsalz, denn als typisches Doppelsalz angesprochen werden muß. Zur Bildung beständiger Komplexsalze kommt es erst beim Zink, Eisen, Kobalt und Nickel, von denen einige sehr bekannte Vertreter, wie

$$[Zn(NH_3)_4](OH)_2 \quad [FeCN_6]K_3 \quad [Co(NO_2)_6]K_3 \quad [Ni(CN)_4]K_2$$

genannt seien.

Mit dem Ende der Spannungsreihe, den Edelmetallen Silber, Platin und Gold, erreicht schließlich die Neigung zur Komplexbildung ihren Höhepunkt. Als Beispiele seien hier die Verbindungen

$$[Ag(NH_3)_2]Cl \quad [PtCl_6]H_2 \quad [AuCl_4]H$$

in Erinnerung gebracht.

In ganz analoger Weise geben auch die Metalloïde und die Radikale, die als Anionen in Lösung auftreten, je nach dem Grade ihrer Elektroaffinität mehr oder weniger Anlaß zur Komplexbildung. Die sehr schwachen Säuren[1]) treten mit besonderer Vorliebe entweder in den Kern als koordinierte Radikale oder geben selbst zur Komplexbildung Veranlassung. Als besonders typisch seien hier die vielen komplexen Cyanverbindungen genannt, welche durch den Zusammentritt der schwachen CN'-Ionen mit fast allen wenig elektroaffinen Metallen entstehen und sich durch große Beständigkeit auszeichnen. Charakteristische Beispiele für den Fall, daß schwache Säuren selbst als Mittelpunkt eines Komplexes fungieren, sind die Kieselwolframsäure, Borwolframsäure, Phosphorwolframsäure und Phosphormolybdänsäure. In ihnen wird, ähnlich wie das Ammoniak bei den Metallamminen, das WO_3 oder MoO_3 an die Säuren gemäß folgender Formeln angelagert:

$$H_4SiO_4 + 12\,WoO_3 + 2\,H_2O = [Si(W_2O_7)_6]\,H_8$$
$$H_3BO_3 + 12\,WoO_3 + 3\,H_2O = [B\,(W_2O_7)_6]\,H_9$$
$$H_3PO_4 + 12\,WoO_3 + 2\,H_2O = [P\,(W_2O_7)_6]\,H_7$$
$$H_3PO_4 + 12\,Mo\,O_3 + 2\,H_2O = [P\,(Mo_2O_7)_6]\,H_7$$

3. Komplexe Anionen und Kationen.

Betrachten wir vom Standpunkte der Koordinationslehre aus noch andere Verbindungen höherer Ordnung, etwa das aus der analytischen Chemie so bekannte Kaliumplatinchlorid K_2PtCl_6. Entstanden durch den Zusammentritt von 2 KCl und $PtCl_4$, ist es unzweifelhaft eine Molekülverbindung.

Aus der Leitfähigkeit des Salzes in wäßriger Lösung

---

[1]) Ein Kennzeichen für die Stärke einer Säure ist die hydrolytische Spaltung ihrer Salze in wäßriger Lösung. Salze mit schwachen Anionen, welch letztere mit den H-Ionen des Wassers zu undissoziierten Säuremolekülen zusammentreten, reagieren infolge der dadurch in Freiheit gesetzten OH-Ionen alkalisch.

ergibt sich, daß es in drei Ionen zerfällt[1]), analytisch nachweisbar sind Kaliumionen, nicht nachweisbar dagegen Chlorionen. Versetzt man die Lösung mit Silbernitrat, so bildet sich kein Niederschlag von AgCl, sondern es fällt ein Silbersalz von der Zusammensetzung Ag_2PtCl_6.

Daraus müssen wir schließen, daß in der Lösung das Ion $PtCl_6''$ vorhanden war. Auf der Grundlage der Koordinationslehre folgern wir, daß das Platinatom, welches zunächst vier Chloratome valenzchemisch gebunden hatte, noch zwei weitere durch Nebenvalenzen an sich fesselte und so den Komplex

$$[PtCl_6]$$

bildete. Dieser ist aber nun nicht wie das vorher beschriebene $PtCl_4(NH_3)_2$ elektroneutral, er bewirkt Stromleitung, ist also als Ion in Lösung, und zwar, wie aus dem Verhalten gegen Ag-Ionen hervorgeht, als Anion.

Die Konstitutionsformel des K_2PtCl_6 muß demnach

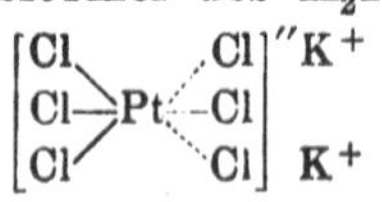

geschrieben werden.

Es erhebt sich nun die Frage, wann Komplexkerne elektroneutral, wann positiv, wann negativ geladen sind. Warum ist $PtCl_4(NH_3)_2$ neutral und $[PtCl_6]''$ elektronegativ?

Aus der obigen Formel ersehen wir, daß in ihr, ob berechtigter Weise oder nicht sei zunächst dahingestellt, vier der Chloratome mit Hauptvalenzen, zwei mit Nebenvalenzen gebunden gedacht sind. Diesen beiden fehlt daher noch die Absättigung ihrer eigentlichen Valenz und an sie können sich die zwei Kaliumatome anlagern:

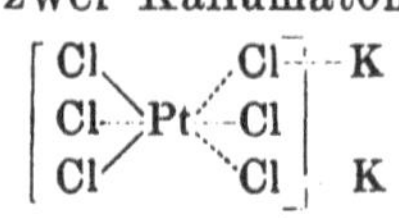

[1]) Die molekulare Leitfähigkeit von Elektrolyten, die die gleiche Zahl Ionen liefern, ist von gleicher Größenordnung (vgl. S. 21). Das K_2PtCl_6 hat annähernd die gleiche Leitfähigkeit wie das in drei Ionen zerfallende $CaCl_2$ oder $MgCl_2$; 256 zu 234 bzw. 223.

Diese lassen nunmehr beim Abdissoziieren in Lösung den doppelt negativ geladenen Komplex $[PtCl_6]''$ zurück.

Beim $PtCl_4(NH_3)_2$ dagegen sind an das valenzchemisch abgesättigte Platinatom zwei ebenfalls abgesättigte NH_3-Moleküle durch Nebenvalenzen gebunden, hier bleibt keinerlei Valenz übrig und also ist das Molekül

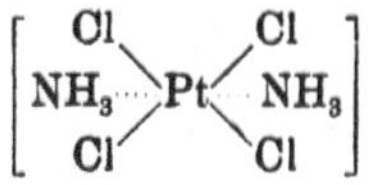

elektroneutral.

Für das Verständnis der Wertigkeit eines Komplexkerns ist die soeben angewendete Formulierung sehr geeignet, als tatsächlich richtig dürfen wir sie aber nicht bezeichnen, da nach ihr z. B. im Kaliumplatinchlorid zwei Chloratome eine andere Bindung besitzen als die restlichen vier. Da sich aber im Verhalten aller sechs kein Unterschied zeigt, sie vielmehr sämtlich nacheinander beispielsweise durch Hydroxylgruppen ersetzt werden können, wobei die Verbindungen $[PtCl_5(OH)]H_2$ bis $[Pt(OH)_6]H_2$ entstehen, so folgt, daß auch ihre Bindungsart identisch ist, indem der Gesamtbetrag aller Valenzen sich gleichmäßig unter ihnen verteilt.

Ein tatsächlicher Unterschied zwischen Haupt- und Nebenvalenzen besteht somit im Komplexkerne nicht. Vielmehr besitzt das Zentralatom eine gleichmäßig verteilte Summe von Kräften, die in seiner Koordinationszahl einen zahlenmäßigen Ausdruck findet.

Im folgenden wird deshalb in den Strukturformeln ein Unterschied zwischen Haupt- und Nebenvalenzbindung nicht mehr gemacht werden.

Während beim Beispiel des K_2PtCl_6 der Komplex als negatives Ion auftrat, gibt es umgekehrt auch positive Komplexionen. Wir erkennen alle in Betracht kommenden Möglichkeiten am übersichtlichsten an Hand der nachfolgenden Zusammenstellung verschiedener Kobaltkomplexe. Die hier zu beobachtenden Gesetzmäßigkeiten gelten sinngemäß für alle Komplexverbindungen.

Formel	Der Komplex ist	$V - R = W$
I $[Co^{III}(NH_3)_6]Cl_3$	dreiwertige Base	$3 - 0 = + 3$
II $[Co(NH_3)_5Cl]Cl_2$	zweiwertige Base	$3 - 1 = + 2$
III $[Co(NH_3)_4Cl_2]Cl$	einwertige Base	$3 - 2 = + 1$
IV $[Co(NH_3)_3(NO_2)_3]$	neutral	$3 - 3 = 0$
V $[Co(NH_3)_2(NO_2)_4]K$	einwertige Säure	$3 - 4 = - 1$
VI $[Co(NH_3)(NO_2)_5]K_2$ unbekannt bekannt bei Fe^{III} $[Fe^{III}(NH_3)(CN)_5]Na_2$	zweiwertige Säure	$3 - 5 = - 2$
VII $[Co(NO_2)_6]K_3$	dreiwertige Säure	$3 - 6 = - 3$

4. Wertigkeit der Komplexkerne.

Lagert das Kobaltatom sechs Moleküle Ammoniak an, so erhalten wir einen Komplexkern, in dem gemäß unserer oben beschriebenen Hilfsformel noch alle drei uns von den Kobaltisalzen geläufigen Wertigkeiten frei bleiben, da

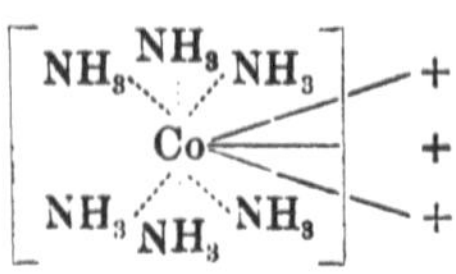

die NH_3-Moleküle nur Nebenvalenzen beanspruchen. Es restiert ein dreiwertiges Kation, bzw. eine dreiwertige Base

$$[Co(NH_3)_6](OH)_3 ,$$

die mit drei Molekülen Salzsäure das Salz I bildet.

Enthält der Komplexkern nur fünf neutrale Ammoniakmoleküle und ein Chloratom, so bleibt eine zweiwertige Base übrig, da nach der nachstehenden Hilfsformel

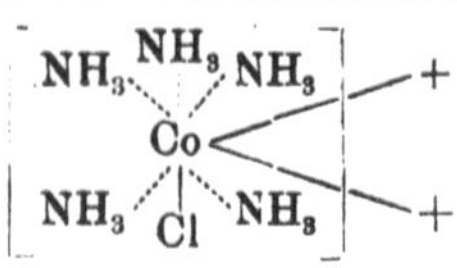

noch zwei Hauptvalenzen abzusättigen sind. Diese Base bildet Salze vom Typus II.

Treten zwei einwertige Säurereste in den Komplex, so werden zwei Valenzen des Zentralatoms gebunden, eine bleibt für den in zweiter Sphäre stehenden Rest übrig, die Base ist einsäurig (Salz III).

Die Verbindung IV ist neutral, weder Base noch Säure, denn in ihr sind mit den drei Resten der salpetrigen Säure auch alle Hauptvalenzen im Kerne erledigt. Die Verbindung leitet in wäßriger Lösung den elektrischen Strom nicht, sie spaltet keine Ionen ab und gibt daher die Reaktionen auf NO_2' nicht.

Was oben in bezug auf das K_2PtCl_6 gesagt wurde, gilt nun auch hier für die Salze V, VI und VII. Das Metallatom, sonst nur als Kation bekannt, wird zum Zentralatom eines negativen Komplexkernes oder Anions, indem der Überschuß der negativen Säurereste, der nicht durch die Hauptvalenzen des Kobalts abgesättigt wird, nach außen hin in Wirksamkeit tritt. In dem bekannten Kaliumhexanitrokobaltiat (VII) sind gemäß der Koordinationszahl 6 NO_2-Radikale um das Kobaltatom gruppiert, deren sechs Valenzen teils die drei des Zentralatoms absättigen, teils mit den drei Molekülen einer Base unter Salzbildung in Aktion treten:

$$[Co(NO_2)_6]H_3 + 3\,KOH = 3\,H_2O + [Co(NO_2)_6]K_3\,.$$

Abstrahieren wir aus diesem Beispiel eine allgemeine Regel, so können wir folgendermaßen formulieren:

$$W = V - R\,.$$

Hierin bedeutet W die Wertigkeit des Komplexkerns, V die Valenz des Zentralatoms, wie sie aus der Valenzlehre geläufig ist, und R die Zahl der valenzchemisch einwertigen Radikale.

Ist V größer als R, so wird die Zahl für W positiv, woraus zu erkennen ist, daß der Komplexkern positiv geladen oder ein Kation ist, ist $V = R$, so wird $W = 0$, der Komplex ist nullwertig oder elektroneutral, ist V kleiner als R, wird W negativ, der Komplexkern ist negativ geladen, fungiert als Anion.

$$\text{Beispiel: } [\overset{\text{III}}{\text{Co}}(NH_3)_4Cl_2]; \quad V = 3, \quad R = 2$$
$$W = 3 - 2 = +1.$$

Der Kern ist einfach positiv geladen, ist einwertiges Kation.

$$[\overset{\text{IV}}{\text{Pt}}Cl_6]: \quad V = 4, \quad R = 6$$
$$W = 4 - 6 = -2.$$

Der Kern ist doppelt negativ geladen, zweiwertiges Anion.

Hier ist nun wohl zu merken, daß valenzchemisch zweiwertige Säureradikale, wie SO_4, auch im Kern zwei Valenzen des Zentralatoms beanspruchen, die Zahl R also entsprechend der Wertigkeit solcher Radikale in Rechnung zu setzen ist. Beispielsweise ist der Komplex

$$[\overset{\text{III}}{\text{Co}}(NH_3)_5\overset{\text{II}}{SO_4}]^+ \text{ einwertig, da } W = 3 - 2 = +1 \text{ ist.}$$

5. Die elektrolytische Dissoziation der Komplexsalze.

Unsere Kenntnis, ob Komplexkerne sauren, basischen oder neutralen Charakter haben, basiert in erster Linie auf ihrem Verhalten in wäßriger Lösung. Hier ist durch elektrolytische Dissoziation dem Komplex die Möglichkeit gegeben, sich als Anion oder Kation zu zeigen.

Für die Aufklärung der Konstitution einer komplexen Verbindung ist dieser Zerfall von größter Bedeutung, sofern man nämlich die Möglichkeit hat, die Zahl der gebildeten Einzelionen festzustellen.

Beim Chloropentammin-kobaltichlorid $Co(NH_3)_5Cl_3$

wäre beispielsweise die Bildung dreier verschiedener Komplexkerne möglich, nämlich

$$[Co(NH_3)_5Cl_2]Cl \quad (I)$$

$$[Co(NH_3)_5Cl]Cl_2 \quad (II)$$

$$[Co(NH_3)_5]Cl_3 \quad (III)$$

Salz (I) ist ein binärer Elektrolyt, er zerfällt in zwei Ionenarten, (II) ist ein ternärer, (III) ein quartärer. Wenn nun zwar auch durch Ausbleiben der spezifischen Cl'-Ionenreaktion eines Chloratoms bei der Analyse die Formel (II) als die richtige erkannt werden konnte, so ist doch als endgültiger Beweis für unsere Formulierung erst die Feststellung maßgebend, daß hier ein ternärer Elektrolyt vorliegt.

Nun liegen die molekularen Leitfähigkeiten aller in eine gleiche Ionenzahl dissoziierenden Salze nahe beieinander und unterscheiden sich in untrüglicher Weise von den Werten andersartig zerfallender. Bei 1000 l Verdünnung und 25° findet man für binäre Elektrolyte (NaCl, KCl) Werte um 125, für ternäre ($BaCl_2$, $CaCl_2$, $MgBr_2$) um 250, für quartäre ($AlCl_3$, $FeCl_3$) um 425.

Für das fragliche Pentamminkobaltichlorid ergibt sich durch Messung das molekulare Leitvermögen zu 244. Der Wert entspricht den oben für ternäre Elektrolyte angegebenen Werten, woraus folgt, daß die Verbindung $Co(NH_3)_5Cl_3$ im Sinne der Formel II nach

$$[Co(NH_3)_5Cl]^+ + 2\,Cl'$$

in 3 Ionen zerfällt.

In ähnlicher Weise wurde durch Messung ihres Leitvermögens für viele Komplexverbindungen die Richtigkeit der ihnen zuerteilten Konstitutionsformel geprüft und durch die gefundene Übereinstimmung eine Bestätigung der Koordinationslehre erbracht.

Untersucht man einen als Ion in Lösung befindlichen Komplexkern auf sein chemisches Verhalten, so stellt sich heraus, daß die dem Zentralatom wie den koordinierten

Radikalen sonst für sich allein zukommenden Ionenreaktionen verschwunden und durch neuartige ersetzt sind. Auf das Versagen der Cl'-Reaktion mit Silbernitrat bei den komplex gebundenen Chloratomen wurde ja bereits häufiger hingewiesen und betont, daß diese Tatsache oft eines der wichtigsten Hilfsmittel für die Klärung von Konstitutionsfragen bedeutet.

Restlos verschwunden sind nun aber die Einzelreaktionen der Komponenten doch nicht. Wenn auch zunächst jedem Komplexion eine neuartige, charakteristische Reaktion eigen ist, so lehrt die genauere Betrachtung, daß oftmals die eine oder andere, besonders empfindliche Reaktion des Einzelbestandteils gewahrt bleibt, mithin also eine, wenn auch minimale, Dissoziation der Komplexkerne in Ionen vorhanden sein muß.

Wie schon eingangs betont (S. 6), ist infolgedessen ein Unterschied zwischen den Doppelsalzen, die in wäßriger Lösung völlig dissoziieren, und den Komplexsalzen nicht vorhanden. Die Verschiedenheit ist vielmehr lediglich gradueller Natur.

So kennt man zwar vom $H_2[PtCl_6]$ charakteristische $[PtCl_6]$-Reaktionen, wie Fällung mit $K^{\cdot}$- oder $NH_4^{\cdot}$-Ionen, woraus sich die Dissoziation nach

$$H_2PtCl_6 = 2\,H^{\cdot} + [PtCl_6]''$$

ergibt. Da aber die S''-Ionen des Schwefelwasserstoffes einen Niederschlag von PtS_2 geben, so folgt, daß nebenher auch eine Dissoziation im Sinne

$$[PtCl_6]'' = Pt^{\cdot\cdot\cdot\cdot} + 6\,Cl'$$

vorhanden ist, und zwar immerhin in dem Maße, daß das Löslichkeitsprodukt von PtS_2 überschritten wird. Komplexionen, die genügend Kraft besitzen, ihre Einzelbestandteile beieinander zu halten, und eine Dissoziation möglichst weitgehend zu verhindern, werden als s t a r k e, solche, die dieses nicht vermögen, als s c h w a c h e Komplexionen bezeichnet.

Da die Reaktionen der Einzelbestandteile mehr oder weniger verschwinden, benutzt man in der analytischen Chemie meist spezifische Komplexionenreaktionen. Statt der im Komplex $[FeCN_6]'''$ versagenden Eisenreaktion kennt man die mit $Fe^{\cdot\cdot}$-Ionen eintretende Umsetzung dieses Hexacyanoferrikomplexes unter Bildung von $[FeCN_6]_2Fe_3$ (Turnbulls Blau).

Andererseits dient auch die Überführung in geeignete Komplexsalze zur Trennung zweier Elemente, so etwa bei Kupfer und Kadmium, wo durch Schwefelwasserstoff aus $[Cd(CN)_4]''$ das Kadmium als Sulfid gefällt wird, während das analoge $[Cu(CN)_4]'''$ beständig ist.

Endlich sei in diesem Zusammenhang daran erinnert, daß sowohl bei der elektrolytischen Analyse, wie in der Galvanoplastik häufig lösliche Komplexverbindungen der betreffenden Metalle angewendet werden, da die aus ihnen sich abscheidenden Niederschläge besonders gleichmäßig und festhaftend sind. So wird beispielsweise das Gold aus der Lösung seines Chlorides nur als braunes Pulver niedergeschlagen, wogegen aus einer Lösung des Komplexsalzes $[Au(CN)_4]K$ ein festhaftender und metallglänzender Überzug abgeschieden wird.

Hierbei ist zu beachten, daß zwar das Anion $[Au(CN)_4]'$ zur Anode wandert, infolge der zu einem kleinen Betrage vorhandenen Spaltung des Komplexes gemäß

$$[Au(CN)_4]' \rightleftharpoons Au^{\cdot\cdot\cdot} + 4CN'$$

aber eine geringe Menge Goldionen vorhanden ist, die kathodisch abgeschieden wird. Hierdurch wird das Gleichgewicht gestört, weitere Komplexionen zerfallen unter Bildung von $Au^{\cdot\cdot\cdot}$-Ionen, die wieder fortgenommen werden; so wird endlich alles Gold an der Kathode abgelagert.

6. Nomenklatur.

Der überwiegende Teil der komplexen Verbindungen hat eine so komplizierte Zusammensetzung, daß mit der üblichen Bezeichnungsweise eine unzweideutige Namengebung nicht zu erreichen ist. Es war deshalb nötig, eine einheitliche logische Nomenklatur neu zu schaffen. Die Prinzipien derselben sind im folgenden kurz wiedergegeben.

Alle Kerne oder Komplexe werden in der Weise bezeichnet, daß man die Namen der mit dem Zentralatom verbundenen Gruppen vor dessen Namen stellt. Hierbei wird folgende Reihenfolge eingehalten: Zuerst die Säurereste

(Cl' = Chloro
CO_3'' = Carbonato
SCN' = Rhodanato),

dann die Gruppen wie H_2O = aquo
— O = Oxo-
— O_2 = Peroxo-
— OH = Hydroxo-

Diäthylendiammin, Pyridin, oder sonstige dem Ammoniak verwandten Moleküle, schließlich unmittelbar vor dem Namen des Zentralatoms das Ammoniak, welches als „Ammin" bezeichnet wird.

Nach dem Namen des Komplexes folgt der des nicht zum Kern gehörenden Säurerestes.

Fungiert der Komplex als Anion, so erhält er die Endung -at.

Die Wertigkeit des Zentralatoms wird durch die Endung, welche der zugrunde liegenden Verbindung erster Ordnung zukommt, charakterisiert. Um die bei diesen Verbindungen noch vorliegenden Unstimmigkeiten zu beseitigen, wird folgende Bezeichnung angewendet:

Einwertige	Atome	erhalten	die Endung	a
Zweiwertige	„	„	„ „	o
Dreiwertige	„	„	„ „	i
Vierwertige	„	„	„ „	e
Fünfwertige	„	„	„ „	an
Sechswertige	„	„	„ „	on
Siebenwertige	„	„	„ „	in
Achtwertige	„	„	„ „	en.

Einige Beispiele mögen diese Regeln erhellen:

$Na_3[FeCN_6]'''$	= Natrium-hexacyano-ferriat.
$(NH_4)_3[ZnCl_5]'''$	= Ammonium-pentachloro-zinkoat.
$[Cr(NH_3)_6]^{\cdots}(NO_3)_3$	= Hexammin-chrominitrat.
$[Co(OH_2)_2(NH_3)_4]^{\cdots}Cl_3$	= Diaquo-tetrammin-kobaltichlorid.
$[NO_2ClCo(en_2)]^{\cdot}Br$	= Chloro-nitro-diäthylendiammin-kobaltibromid (das etwas ungefüge Äthylendiammin ($NH_2CH_2CH_2NH_2$) wird stets mit en abgekürzt).
$[Co(NO_2)_3(NH_3)_3]$	= Trinitro-triammin-kobalt.
$[PtCl_2(NH_3)_2]$	= Dichloro-diammin-platin.

Die beiden letztgenannten Verbindungen sind Beispiele für die in wäßriger Lösung nicht dissoziierenden, neutralen Komplexe. Diesem Charakter entspricht die Benennung.

Die Molekülverbindungen, welche bei relativ einfacher Zusammensetzung einen altbekannten und eindeutigen Namen besitzen, wird man selbstredend nicht unnötig mit den aus dieser Nomenklatur abgeleiteten Namen belegen. Denn Schwefelsäure, $[SO_4]H_2$ erhält z. B. auf diese Art den befremdenden Namen „Tetraoxo-sulfuronsäure", Natriumthiosulfat, $[SSO_3]Na_2$ wird zu „Natrium-thio-trioxo-sulfuronat" und Überchlorsäure $[ClO_4]H$ zu „Tetraoxo-chlorinsäure" (die Endungen -on und -in als Kennzeichen der Sechs- oder Siebenwertigkeit der Zentralatome).

7. Anlagerungsverbindungen.

Die große Zahl der komplexen Verbindungen läßt sich nach Art ihrer Entstehung und ihres Baus in 2 große Gruppen einteilen, in Anlagerungs- und Einlagerungsverbindungen.

Wie aus dem Namen hervorgeht, entsteht eine Anlagerungsverbindung dadurch, daß eine Verbindung erster Ordnung ein oder mehr Moleküle einer anderen Verbindung erster Ordnung unter Zuhilfenahme von Nebenvalenzen anlagert. Das Atom der ersten Verbindung, welches bis zur Absättigung seiner Koordinationszahl solche Valenzkräfte betätigt, wird zum Zentralatom der neu gebildeten Komplexverbindung. Wesentlich ist, daß es hierbei alle mit ihm ursprünglich verbunden gewesenen Atome in „direkter" Bindung, also im Kerne, bei sich behält. Kann es diese Aufgabe nicht mehr erfüllen, verliert es eines derselben aus dem Zentralkern, so können wir nicht mehr von „Anlagerungsverbindung" sprechen.

Auf Seite 6 wurden bereits einige Typen solcher Anlagerungsverbindungen aufgezählt. Dem ersten Beispiel

$$PtCl_4 + 2\,NH_3 = [PtCl_4(NH_3)_2]$$

stellen wir jetzt noch alle die analogen Verbindungen zur Seite, welche durch Addition von neutralen Molekülen, wie NH_3 an Salze erster Ordnung, wie $PtCl_4$ zustande kommen und durch die mangelnde Leitfähigkeit in Lösung zeigen, daß alle ehemaligen Säurereste direkt, nicht ionogen gebunden sind. Daß $[PtCl_4(NH_3)_2]$ ein Nichtelektrolyt ist, wurde oben besonders hervorgehoben.

Hierher gehört deshalb auch das auf S. 19 als Nichtleiter bezeichnete $[Co(NH_3)_3(NO_2)_3]$, wiederum ein typischer Vertreter der Anlagerungsverbindungen. Denn Kobaltnitrit $Co(NO_2)_3$ addiert, indem das Co-Atom seine Nebenvalenzen betätigt und seiner Koordinationszahl 6 Genüge tut, die drei Moleküle erster Ordnung zu einem Komplex und behält die sämtlichen drei NO_2-Reste in direkter Bindung wie Kerne.

Als entsprechende Chromverbindung nennen wir das Trichloro-tripyridinchrom: $[Cr(py)_3Cl_3]$. Ferner gehört das Tetrachloro-dipyridinzinn: $[Sn(py)_2Cl_4]$ hierher.

Weiterhin sind alle die sogenannten „Doppelsalze", bei denen die Anionen gemeinsam in den Kern zum Zentralatom treten, echte Anlagerungsverbindungen, so

$$\begin{aligned} PtCl_4 &+ 2\,KCl &= [PtCl_6]K_2 \\ AuCl_3 &+ KCl &= [AuCl_4]K \\ Co(NO_2)_3 &+ 3\,KNO_2 &= [Co(NO_2)_6]K_3 \\ Fe(CN)_3 &+ 3\,KCN &= [Fe(CN)_6]K_3\,. \end{aligned}$$

Endlich gehören hierher die durch Zusammentritt zweier Oxyde entstehenden Verbindungen höherer Ordnung, von denen uns besondern die Additionsprodukte von Oxyden an Wasser interessieren.

Der in diesem Sinne früher schon erwähnten Schwefelsäure

$$SO_3 + H_2O = [SO_4]H_2$$

stehen zur Seite:

$$CrO_3 + H_2O = [CrO_4]H_2$$
Chromsäure

$$MnO_3 + H_2O = [MnO_4]H_2$$
Mangansäure

$$SiO_2 + 2\,H_2O = [SiO_4]H_4$$
Orthokieselsäure

$$P_2O_5 + 3\,H_2O = 2\,[PO_4]H_3$$
Orthophosphorsäure

$$P_2O_3 + 3\,H_2O = 2\,[PO_3H]H_2$$
Phosphorige Säure

$$Cl_2O_7 + H_2O = 2\,[ClO_4]H$$
Überchlorsäure

Die Übereinstimmung, welche alle diese Säuren dadurch zeigen, daß sie maximal vier Sauerstoffatome im Kern besitzen, läßt sich folgendermaßen deuten:

Die Koordinationszahl der genannten Elemente dem Sauerstoff gegenüber beträgt vier.

Ausnahmen finden sich bei Jod und Tellur, die die Säuren $[JO_6]H_5$ und $[TeO_6]H_6$ bilden können.

Ferner muß hervorgehoben werden, daß anderen Elementen gegenüber auch andere Koordinationszahlen gelten können: so beim Silicium, wie die Verbindung $[SiF_6]H_2$ beweist.

Man versucht nun das übereinstimmende Verhalten der Sauerstoffsäuren zu erklären, indem man in Analogie mit den bei anderen komplexen Verbindungen auftretenden stereochemischen Erscheinungen (vgl. S. 46) annimmt, daß hier eine bestimmte räumliche Lagerung der Sauerstoffatome vorliegt und für mehr als vier Atome gewissermaßen kein Platz vorhanden ist.

Einen großen Vorteil bieten die nach der Koordinationslehre aufgestellten Formelbilder, indem sie nämlich im Gegensatz zu den üblichen valenzchemischen klar zum Ausdruck bringen, warum die Wasserstoffatome, als in indirekter Bindung stehend, in Lösung abdissoziieren und Ioneneigenschaften haben. Auch die Zahl der ionogenen Wasserstoffatome ergibt sich ohne weiteres, wie das Beispiel der phosphorigen Säure auffällig dartut.

Aus $PCl_3 + 3\,H_2O$ entstehend, sollte sie gemäß der valenzchemischen Formel

$$\overset{III}{P}\begin{matrix} \diagup OH \\ -OH \\ \diagdown OH \end{matrix}$$

dreibasisch reagieren.

Da jedoch nur zwei Wasserstoffatome durch Metall ersetzbar sind, gibt man ihr die unsymmetrische Formel

$$(HPO_3)H_2 = \overset{V}{P}\begin{matrix} \diagup OH \\ -OH \\ -O \\ \diagdown H \end{matrix},$$

leitet sie also vom fünfwertigen Phosphor ab. Diese recht willkürliche Annahme erscheint aber in der Fassung

$$\left[\begin{matrix} & O & \\ O\cdot & \dot{P} & \cdot O \\ & \dot{H} & \end{matrix}\right]H_2$$

nach der Koordinationslehre selbstverständlich. Die Koordinationszahl des Phosphors ist vier. Drei Koordinationsstellen können durch die Sauerstoffatome besetzt werden, also muß, um den verbleibenden Affinitätsbetrag abzusättigen, noch ein Wasserstoffatom in den Kern treten. Dieses verliert dadurch seine Reaktionsfähigkeit und ist nicht mehr durch Metall ersetzbar.

Wenn diese Theorie richtig ist, müßte die unterphosphorige Säure H_3PO_2 die Konstitution

$$\left[\begin{matrix} & H & \\ O\cdot & \dot{P} & \cdot O \\ & \dot{H} & \end{matrix}\right]H$$

besitzen. Und in der Tat ist diese Säure bekanntlich nur einbasisch.

8. Einlagerungsverbindungen.

a) Allgemeines.

Mit dem Zusammentreten zweier Moleküle erster Ordnung durch die Kräfte der Nebenvalenzen unter Bildung von Anlagerungsverbindungen ist die Reaktionsfähigkeit immer noch nicht erschöpft. Unter bestimmten Bedingungen können auch an diese Verbindungen noch weitere Moleküle herantreten. Ein einfaches Anlagern kann zwar jetzt nicht mehr erfolgen, denn mit der Besetzung sämtlicher Koordinationsstellen erklärten wir ja die Verbindung als gesättigt. Dennoch aber ist dadurch ein Zusammentritt mit weiteren Molekülen denkbar, daß diese sich in das Komplexmolekül eindrängen, einer entsprechenden Zahl von Radikalen den Platz am Zentralatom streitig machen und ihnen eine Stelle außerhalb des zentralen Verbandes anweisen. Auf diese Art kommen die „Einlagerungsverbindungen“ zustande. Charakteristisch für diese Klasse von Verbindungen ist demnach, daß zuvor nicht ionogen gebundene Säurereste in ihnen nunmehr indirekt gebunden und daher in wäßriger Lösung als Ionen abdissoziert sind. Die Zahl, welche angibt, wie viele Moleküle an eine Verbindung herangetreten sind, wenn der erste Säurerest zum Ion wird, heißt die „Ionogene Nebenvalenzzahl“. Ein Beispiel möge den Vorgang der Einlagerung deutlich machen.

Kobaltnitrit $Co(NO_2)_3$ lagert drei Moleküle Ammoniak an, bildet also die Anlagerungsverbindung $Co(NO_2)_3 \cdot 3\,NH_3$, der wir nach dem früher Gesagten die Formel

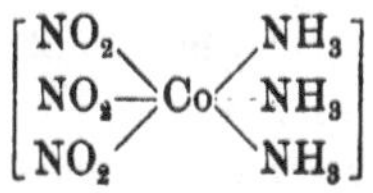

zuerteilen. Entsprechend dieser direkten Bindungsweise der NO_2-Gruppen am Zentralatom ist die Verbindung in wäßriger Lösung ein sehr schlechter Leiter der Elektrizität. Das Trinitrotriamminkobalt kann nun unter Aufnahme eines weiteren Moleküls Ammoniak in eine Tetramminverbindung übergehen. In diesem Augenblick aber wird die eine der NO_2-Gruppen aus ihrer Stellung am Zentralatom in die zweite Sphäre getrieben, wodurch sie reaktionsfähiger wird, also z. B. durch verdünnte schwache Säuren als salpetrige Säure in Freiheit gesetzt zu werden vermag; gleichzeitig steigt infolge der Dissoziation die Leitfähigkeit der Salzlösung. Der Vorgang der Einlagerung muß also durch folgende Formel wiedergegeben werden:

$$\left[\begin{matrix} NO_2 & & NH_3 \\ NO_2 & \text{—Co—} & NH_3 \\ NO_2 & & NH_3 \end{matrix}\right] + NH_3 = \left[\begin{matrix} NH_3 & & NH_3 \\ NO_2 & \text{—Co—} & NH_3 \\ NO_2 & & NH_3 \end{matrix}\right] NO_2\,.$$

Die ionogene Nebenvalenzzahl ist hier = 4, denn mit dem Eintritt von vier Ammoniakmolekülen wurde die erste NO_2-Gruppe zum Ion.

Da in dieser neuen Einlagerungsverbindung aber noch weitere Säurereste im Zentralkern stehen, sollte man erwarten, daß auch diese, einer nach dem andern, durch Ammoniakmoleküle ersetzt werden können. Diesem gelingt es in der Tat, schließlich alle NO_2-Gruppen bis zur Bildung eines Hexammins $[Co(NH_3)_6](NO_2)_3$ zu verdrängen. Erst damit ist die Additionsfähigkeit der ursprünglichen Verbindung $Co(NH_3)_3(NO_2)_3$ erschöpft.

Aus dem oben über die erste Einlagerungsstufe Gesagten muß man für die so entstandenen weiteren Verbindungen ein dem Austritt der NO_2-Gruppen entsprechendes Anwachsen der elektrischen Leitfähigkeit fordern. Daß dem wirklich so ist, zeigt die nachstehende Figur 1. Die schrittweise steigenden Werte der Leitfähigkeit bestätigen, daß mehr und mehr Säurereste in „ionogene“ Bindung gelangt sind.

Als solche Einlagerungsverbindungen lassen sich mehrere anorganische Verbindungsklassen auffassen, so z. B. die Metallammoniake und die Hydrate.

Molekulare Leitfähigkeit bei 1000 l Verdünnung.

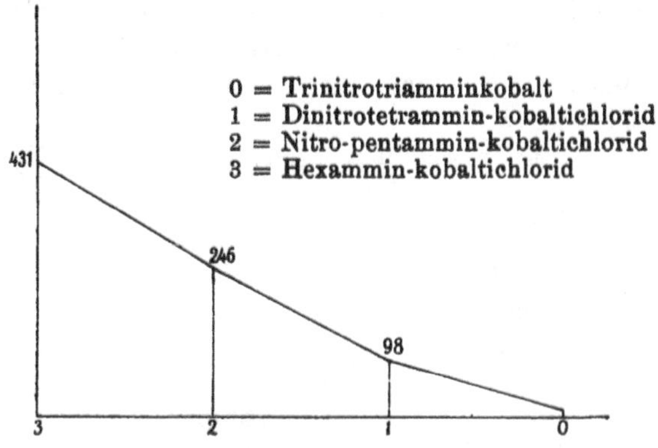

Fig. 1.

b) Metallammoniake.

Dem soeben als Beispiel für die Entstehung und Formulierung der Einlagerungsverbindungen genannten Hexamminkobaltinitrat entspricht eine große Zahl von Verbindungen des allgemeinen Typus $Me(NH_3)_6X_3$. Als Me fungiert außer dem erwähnten Kobalt noch Chrom, Eisen, Rhodium und Wismut.

Alle nach diesem Schema gebauten Ammoniakverbindungen werden auch „Luteosalze“ genannt, nach dem ursprünglich wegen seiner gelben Farbe so bezeichneten Hexamminkobaltisalz.

Von chemischen Reaktionen der Verbindungen ist insbesondere bemerkenswert, daß genau wie bei einfachen Salzen jeweils die stärkere Säure das Anion in Form der schwachen freien Säure austreibt und ferner, daß bei derartigen Umsetzungen selbst durch konz. Schwefelsäure die Ammoniakmoleküle nicht aus dem Komplexkern entfernt werden. Dies Verhalten ist ein besonders guter Beweis für unsere oben entwickelte Konstitutionsformel, wonach die NH_3-Moleküle fest am Zentralatom sitzen und die Säurereste in zweiter Sphäre locker gebunden sind.

Außer den von dreiwertigen Metallen sich ableitenden

Verbindungen sind auch solche mit vierwertigem und zweiwertigem Zentralatom bekannt, z. B. $[Pt(NH_3)_6]Cl_4$; $Si(NH_3)_6Cl_4$; $Sn(NH_3)_6J_4$ und $Ni^{II}(NH_3)_6X_2$; ferner die entsprechenden Kadmium-, Kupfer-, Eisen-, Kobalt- und Zinkverbindungen.

Wie die Formeln zeigen, ist die Wertigkeit aller Komplexkerne gegenüber den Anionen gleich der ursprünglichen des Zentralatoms. Dies erklärt sich im Sinne der Koordinationslehre damit, daß für die Bindung der im Komplex stehenden Ammoniakmoleküle lediglich die Nebenvalenzen des Metallatoms in Anspruch genommen werden, und somit die — aus der Valenzlehre geläufigen — Hauptvalenzen restlos für die außerhalb des Kernes stehenden Radikale übrig bleiben.

Die Stelle des Ammoniaks kann in den Hexamminen auch durch andere, diesem verwandte Moleküle vertreten sein, so durch Pyridin (C_5H_5N), Äthylendiammin ($NH_2CH_2CH_2NH_2$) und Hydrazin (N_2H_4).

In den bisher angeführten Metallammoniaken betrug die Koordinationszahl 6, es existieren aber auch noch Verbindungen vom Typus MeA_4, mit der Koordinationszahl 4, z. B. die bekannte kornblumenblaue Verbindung des Kupfers $Cu(NH_3)_4SO_4$, ferner $Zn(NH_3)_4Cl_2$ und $Pt^{II}(NH_3)_4Cl_2$. Von den Hexamminverbindungen leitet sich eine größere Zahl analog gebauter Verbindungen dadurch ab, daß nacheinander 1, 2, 3 bis endlich 6 NH_3-Moleküle durch Säureradikale ersetzt sind. Die so entstandenen Typen, die als

Monacido-pentammine	$[Me^{III}(NH_3)_5X]X_2$
Diacido-tetrammine	$[Me(NH_3)_4X_2]X$
Triacido-triammine	$[Me(NH_3)_3X_3]$
Tetracido-diammine	$[Me(NH_3)_2X_4]Me^I$
Pentacido-monammine	$[Me(NH_3)X_5]Me_2$
Hexacido-	$[MeX_6]Me_3$

zu bezeichnen sind, bedürfen keiner Einzelbesprechung. Denn aus dem bisher Gesagten ergibt sich ohne weiteres, wie die Konstitution derselben erkannt werden kann und ob sie in Lösung als neutrale Moleküle, Anionen oder Kationen fungieren werden. Als Säureradikale finden sich in ihnen hauptsächlich

$$Cl, Br, NO_2, SO_4, SCN, CO_3, C_2O_4, SO_3, NO_3.$$

Als ein besonders markantes Kennzeichen für den stufenweisen Übergang von einer Gruppe zur andern sei schließlich noch ein Diagramm der molekularen Leitfähigkeitswerte von Verbindungen der Platinreihe wiedergegeben.

Molekulare Leitfähigkeit bei 1000 l Verdünnung.

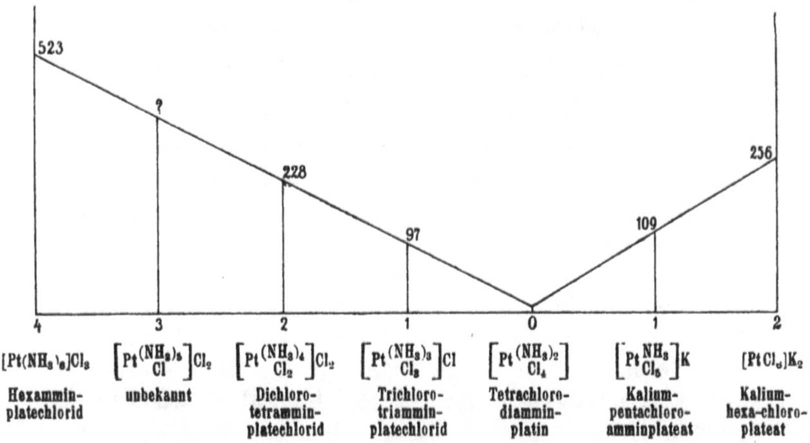

Fig. 2.

Daraus ist zu ersehen, daß die Verbindungen je nach der Zahl der im Komplexkern stehenden Säureradikale entweder Nichtleiter (Triacidogruppe) oder Elektrolyte sind, und zwar quartäre, in vier Ionen zerfallende (Hexacidogruppe), ternäre (Monacido- und Pentacidogruppe) oder binäre (Diacido- und Tetracidogruppe).

c) Hydrate.

Betrachten wir die große Zahl der kristallwasserhaltigen anorganischen Salze, so fällt auf, daß die Zahl $6\,H_2O$ besonders häufig vertreten ist. Diese Tatsache, welche auf eine gewisse Verwandtschaft zu den Hexamminen hindeutet, sowie der Umstand, daß die Bindungsverhältnisse in diesen Molekülverbindungen — denn das sind ja auch die Hydrate — durch die Valenzlehre nicht genügend erklärt werden können, läßt es gerechtfertigt erscheinen, die Koordinationsformeln auch auf diese Klasse von Verbindungen anzuwenden. Demnach kann man Salze wie $FeCl_3 \cdot 6\,H_2O$ als Komplexsalze der Formel

$$[Fe(OH_2)_6]Cl_3$$

auffassen.

Weiter wären hier als Beispiele zu nennen:

$$AlCl_3 \cdot 6\,H_2O;\quad NiCl_2 \cdot 6\,H_2O;\quad CoCl_2 \cdot 6\,H_2O;$$
$$Zn(NO_3)_2 \cdot 6\,H_2O;\quad CaCl_2 \cdot 6\,H_2O;\quad MgCl_2 \cdot 6\,H_2O.$$

In all diesen Hexahydraten befinden sich also die Wassermoleküle in erster Sphäre am Zentralatom, die Säurereste sind indirekt gebunden und werden daher in Lösung als Ionen abdissoziiert.

Daß tatsächlich eine nahe Beziehung zwischen Hexamminen und den Hydraten bestehen muß, geht daraus hervor, daß es gemischte Verbindungen mit NH_3 und H_2O gibt. Besonders gut bekannt sind die sogenannten Roseokobaltverbindungen (schön rot gefärbte Salze), welche sich von den Hexamminen ableiten, indem ein, zwei oder drei NH_3 durch H_2O (aquo) ersetzt sind. Sie sind demnach durch die Formeln

$[Co(NH_3)_5H_2O]Cl_3$ = Aquopentamminkobaltichlorid
$[Co(NH_3)_4(H_2O)_2]Cl_3$ = Diaquotetramminkobaltichlorid
$[Co(NH_3)_3(H_2O)_3]Cl_3$ = Triaquotriamminkobaltichlorid

gekennzeichnet.

In all diesen Verbindungen sehen wir also die Koordinationszahl 6 des Kobaltatoms durch das Zusammenwirken der Wasser- und Ammoniakmoleküle befriedigt. Einen Beweis für die Annahme, daß das Wasser wirklich am Kern steht, erblicken wir darin, daß beim Verlust von Wassermolekülen durch Erhitzen an deren Stelle die zuvor ionogen gebundenen Säurereste treten, ein Vorgang, der sich durch Verminderung der Leitfähigkeit und durch das Versagen der Fällungsreaktion unzweideutig verfolgen läßt. Es entstehen Verbindungen, wie das violettrote Purpureo-Kobaltichlorid (Chloropentamminkobaltichlorid) nach folgendem Vorgang:

$$[Co(NH_3)_5H_2O]Cl_3 - H_2O = [Co(NH_3)_5Cl]Cl_2 .$$

In der so entstandenen Verbindung $CoCl_3 \cdot 5NH_3$ sind nur noch zwei Chloratome durch Silbernitrat ausfällbar. Über die Art ihres Zerfalls in Ionen wurde bereits früher berichtet (vgl. S. 21).

Einen sehr schönen Beitrag für die Theorie der Hydrate liefert ferner das Chromichlorid $CrCl_3 + 6H_2O$, das in drei isomeren Formen bekannt ist. Das erste, graublau aussehende Chlorid enthält in wäßriger Lösung alle drei Chloratome in ionogener Bindung, wie aus der glatten Ausfällung mit Silbernitrat hervorgeht. Es ist ihm also nach unseren bisherigen Ausführungen die den Hexamminen analoge Formulierung

$$[Cr(H_2O)_6]Cl_3$$

zuzuweisen.

Das zweite, grün gefärbte Chlorid gibt bei der Fällung mit Silbernitrat nur 2 Chloratome ab und ist daher als

$$[Cr(H_2O)_5Cl]Cl_2 + 1H_2O$$

aufzufassen.

Dem dritten, ebenfalls grünen Chromchlorid endlich wird mit Silbernitrat nur ein Chloratom entzogen, es entspricht somit der Zusammensetzung

$$[Cr(H_2O)_4Cl_2]Cl + 2H_2O .$$

Als besonders einleuchtender Beweis für die Richtigkeit der Hydrattheorie kann auch die Tatsache angesehen werden, daß, bis auf eines, alle Übergangsglieder zwischen den Chromisalzhydraten und den Chromiamminkomplexen dargestellt werden konnten. Die nahe Verwandtschaft, welche auf eine gleichartige Konstitution hinweist, ergibt sich bei der Betrachtung der nachfolgenden Reihe auf den ersten Blick. Auch die allmähliche Verschiebung des Farbtones muß als auffälliges Merkmal angesehen werden:

$$\underset{\text{gelb}}{[Cr(NH_3)_6]X_3} \rightarrow \underset{\text{orangegelb}}{[Cr(NH_3)_5H_2O]X_3} \rightarrow \underset{\text{orangerot}}{[Cr(NH_3)_4(H_2O)_2]X_3} \rightarrow$$

$$\underset{\text{blaßrot}}{[Cr(NH_3)_3(H_2O)_3]X_3} \rightarrow \underset{\text{violettrot}}{[Cr(NH_3)_2(H_2O)_4]X_3} \rightarrow$$

$$\underset{\text{unbekannt}}{[Cr(NH_3)(H_2O)_5]X_3} \rightarrow \underset{\text{violett}}{[Cr(H_2O)_6]X_3}.$$

Mit dieser Theorie der Wasseranlagerung sind nun allerdings zunächst im Widerspruch die mit 7 Molekülen H_2O kristallisierenden Sulfate, wie $FeSO_4$, $ZnSO_4$, $CoSO_4$ usw. Man kann aber aus verschiedenen Tatsachen, so z. B. aus den Dissoziationsspannungen solcher Salze, den berechtigten Schluß ziehen, daß das siebente Wassermolekül sich in abweichender Bindung befindet.[1]) Darum ist auch hier die Annahme gerechtfertigt, daß $6H_2O$ im Komplexkerne stehen und das siebente außerhalb desselben mit dem Sulfatradikal etwa im Sinne folgender Formel

$$[Fe(H_2O)_6]SO_4 + H_2O$$

verbunden ist.

Noch größere Schwierigkeiten bereitet die Einreihung der Hydrate, welche mit noch mehr Wassermolekülen behaftet sind. Bei den Alaunen beträgt die Zahl zwölf. Hier nimmt man, um im Rahmen der Hexahydrate zu bleiben, an, daß ein Doppelmolekül $(H_2O)_2$ eine Koordinationsstelle besetzt, gibt also dem Aluminiumkaliumalaun die Formel:

$$\left[Al(H_4O_2)_6\right]\begin{matrix}SO_4\\SO_4K\end{matrix}.$$

Diese Annahme ist insoweit gerechtfertigt, als dem gewöhnlichen Wasser nicht die monomolekulare, sondern

[1]) Über die Hydrate, die sich scheinbar der Hydrattheorie nicht einfügen, vergleiche die eingehende Darstellung in R. Weinlands Chemie der Komplexverbindungen, S. 286ff.

mindestens die bimolekulare Formel zukommt. Nur fehlt es bisher an einer richtigen Beweisführung, warum in den Hexahydraten das Wasser monomolekular, in den Dodekahydraten bimolekular auftreten soll.

9. Polysäuren.

Auf Seite 15 wurde darauf hingewiesen, daß ebenso wie gewisse Metalle auch schwächere Säuren Anlaß zur Komplexbildung geben können. Hierbei sind zwei verschiedene Möglichkeiten zu unterscheiden. In einem Falle treten an die Stelle der Sauerstoffatome der komplexbildenden Säure Radikale ebenderselben Säure, im anderen Falle Radikale irgendwelcher anderer Säuren. Nach dieser Unterscheidung lassen sich die entstehenden Verbindungen entweder als Isopolysäuren, oder als Heteropolysäuren klassifizieren.

Gemeinschaftlich ist demnach beiden Gruppen, daß ein Ersatz eines oder mehrerer Sauersoffatome durch Säureradikale eintritt. Wird beispielsweise in der Chromsäure nacheinander je eines der 4 Sauerstoffatome durch das Chromsäureradikal CrO_4 ersetzt, so entstehen folgende Isopolysäuren:

$[CrO_4]H_2$,	$\left[Cr^{CrO_4}_{O_3}\right]H_2$,	$\left[Cr^{(CrO_4)_2}_{O_2}\right]H_2$,	$\left[Cr^{(CrO_4)_3}_{O}\right]H_2$,
Chromsäure	Bichromsäure	Trichromsäure	Tetrachromsäure

deren Alkalisalze z. T. wohlbekannte Verbindungen sind. Dem Kaliumbi- oder pyrosulfat sind andere Pyrosäuren zur Seite zu stellen, die ebenfalls als Isopolysäuren aufgefaßt werden können, so etwa das Kaliumpyrosulfat gemäß folgender Formel:

$$[SO_4]K_2 + SO_4'' \rightarrow \left[S{<}^{SO_4}_{O_3}\right]K_2 .$$

Weiterhin können unter diesem Gesichtspunkte die Polykieselsäuren betrachtet werden, welche die Grundlage für zahlreiche natürlich vorkommende Silikate bilden.

Durch Anlagerung des SiO_3''-Ions an das Metasilikat gelangt man nach

$$[SiO_3]K_2 + SiO_3'' \rightarrow \left[Si\begin{matrix}SiO_3\\O_2\end{matrix}\right]K_2$$

zum Disilikat $K_2Si_2O_5$.

Über die eigentliche Konstitution aller dieser Isopolysäuren ist aber bisher noch sehr wenig bekannt.

Von den Heteropolysäuren, die in großer Zahl bekannt sind, wurden einige Vertreter schon früher (S. 15) erwähnt. Als recht bekannte Verbindungen dieser Art seien hier nochmals kurz besprochen die Phosphormolybdänsäure und die Kieselwolframsäure.

Die Tatsache, daß in diesen und ebenso in den meisten anderen derartigen Polysäuren 12 Säuremoleküle als Höchstzahl an ein anderes Säuremolekül herantreten,

$$(NH_4)_3PO_4 \cdot 12MoO_3 \cdot 6H_2O,$$
$$SiO_2 \cdot 12WO_3 \cdot 4H_2O,$$

führt im Sinne der Koordinationslehre zu der Annahme, daß hier wieder die Koordinationszahl 6 des Zentralatoms den Anlaß zu einer derartigen Regelmäßigkeit gibt, indem dem Eintritt von mehr als 6 Doppelmolekülen räumliche Behinderung im Wege steht. Auf Grund dieses Gedankens nimmt man als Basis der entstehenden Komplexe solche Säuren an, die durch Wasseranlagerung sechs Sauerstoffatome koordiniert am Zentralatom enthalten, und so, wie aus nachstehenden Formeln folgt, Hexa-oxo-säuren darstellen:

$$[SiO_4]O_4 + 2OH_2 = [SiO_6]H_8$$
$$[PO_4]H_3 + 2OH_2 = [PO_6]H_7.$$

In ihnen kann nun der Sauerstoff, entweder vollständig oder teilweise, durch die Radikale anderer Säuren, also z. B. durch Mo_2O_7 oder W_2O_7, die Anionen der Pyromolybdän- und -wolframsäure ersetzt sein, wodurch bei völligem Ersatz der Sauerstoffatome die Heteropolysäuren

$$[Si(W_2O_7)_6]H_8$$
Kieselwolframsäure

$$[P(Mo_2O_7)_6]H_7$$
Phosphormolybdänsäure

entstehen.

Als Beispiel für Säuren, bei denen nicht alle Sauerstoffatome im Kern ersetzt sind, sei die Arsenmolybdänsäure

$$\left[As{(Mo_2O_7)_5 \atop O}\right]H_7$$

angeführt. Die Richtigkeit dieser Formel wird dadurch bewiesen, daß die Säure in der Tat siebenbasisch ist, indem sie ein arsenmolybdänsaures Guanidin der Zusammensetzung

$$\left[As{(Mo_2O_7)_5 \atop O}\right](CN_3H_5)_7$$

bildet.

III. Isomerie der Komplexverbindungen.

Unter Isomerie versteht man die Erscheinung, daß zwei chemisch völlig gleich zusammengesetzte Verbindungen ein verschiedenes Verhalten sowohl in chemischer wie in physikalischer Hinsicht zeigen. Diese Verschiedenheit beruht auf einem Unterschied im inneren Bau der Verbindungen und prägt sich meist besonders scharf in physikalischer Hinsicht aus, indem die Farbe, die Löslichkeit und der Schmelz- oder Siedepunkt erheblich divergieren. Da ihre allgemeine Zusammensetzung, wie gesagt, die gleiche ist, sind naturgemäß die chemischen Unterschiede meist nur gering.

Während man zwei Substanzen, die chemisch und physikalisch völlig gleiche Eigenschaften haben, als miteinander identisch annehmen muß, liegt also bei der Isomerie der Fall vor, daß zwei identisch zusammengesetzte Stoffe sich verschieden verhalten. Die Identität gilt freilich nur für die aus der Analyse gewonnenen Summenformel, der innere Aufbau, die Konstitution, muß verschieden sein.

Die Verschiedenheit der Eigenschaften leitet sich bei den isomeren Verbindungen von verschiedenen Ursachen ab. Zunächst können wir zwei Hauptgruppen unterscheiden: im ersten Falle sind die Molekülgrößen verschieden, d. h. die Zahl der einzelnen Atome des Moleküls ist bei gleicher Verhältniszahl verschieden, was als Polymerie bezeichnet wird, im zweiten Falle ist bei gleicher Molekülgröße die Lagerung der Atome im Molekül verschieden. Hier spricht man von Isomerie im engeren Sinne oder Metamerie.

1. Polymerie.

Ein besonders augenfälliges Beispiel für Polymerie sei der organischen Chemie entnommen. Wir kennen zwei Stoffe von der Zusammensetzung 92,31 % C und 7,69 % H, woraus sich die einfachste Formel CH ergibt. Das Dimere dieser hypothetischen Grundverbindung C_2H_2 ist das Acetylen, das Hexamere C_6H_6 ist das Benzol.

Einfache Fälle in der anorganischen Chemie sind: das aus $K[AgCN_2]$ gemäß

$$K[AgCN_2] + H_2SO_4 = KHSO_4 + AgCN + HCN$$

entstehende Cyansilber ist monomolekular. Ein bimolekulares Polymeres entsteht bei der Zersetzung desselben Komplexsalzes mit Silbernitrat:

$$K[AgCN_2] + AgNO_3 = Ag[AgCN_2] + KNO_3.$$

Ferner gehören hierher die Polymeren des Natriummetaphosphats $NaPO_3$: $(NaPO_3)_2$, $(NaPO_3)_3$ und noch höher polymerisierte.

Ganz ähnliche Polymerieerscheinungen existieren auch bei den anorganischen Komplexsalzen. Besonders gut bekannt sind sie bei den Metallammoniakverbindungen. Als Beispiel sei hier das Trinitrotriamminkobalt genannt, von dem Polymere bis zur fünffachen Molekülgröße dargestellt sind.

$$[Co(NO_2)_3(NH_3)_3]_1 = \text{Trinitro-triamminkobalt}$$

$$[Co(NO_2)_3(NH_3)_3]_2 = [Co(NH_3)_6]^{+++}[Co(NO_2)_6]'''$$

$$[Co(NO_2)_3(NH_3)_3]_3 = [Co(NO_2)(NH_3)_5]^{++}[Co(NO_2)_4(NH_3)_2]_2'$$

$$[Co(NO_2)_3(NH_3)_3]_4 = [Co(NH_3)_6]^{+++}\left[Co\begin{matrix}(NH_3)_2 \\ (NO_2)_4\end{matrix}\right]_3'$$

$$[Co(NO_2)_3(NH_3)_3]_5 = [Co(NO_2)(NH_3)_5]_3^{++}[Co(NO_2)_6]_2'''.$$

Die höheren Polymeren kommen dadurch zustande, daß Kobaltkomplexe, die entsprechend der Zahl und dem Charakter der koordinierten Moleküle und Säurereste bald Anionen, bald Kationen sein können (vgl. S. 18), untereinander Salze bilden, die als Kobaltsalze von Kobaltsäuren aufzufassen sind.

Auch bei den Chromverbindungen ist eine ähnliche Polymerieerscheinung bekannt, nämlich

$Cr(NH_3)_3(SCN)_3$ und $[Cr(NH_3)_6]^{+++}[Cr(SCN)_6]'''$
Trirhodanato-triamminchrom Hexamminchromi-hexarhodanato-chromiat.

2. Koordinationsisomerie.

In naher Beziehung zur Polymerie der eben beschriebenen Art steht die Koordinationsisomerie, die dadurch gekennzeichnet ist, daß die koordinierten Komponenten verschieden verteilt sind. Der Vorgang läßt sich durch folgende allgemeine Formulierung ausdrücken:

$$[MeA_6][Me'X_6] \text{ isomer mit } [MeX_6][Me'A_6],$$

worin A einen Neutralteil wie NH_3, X einen negativen Säurerest bezeichnet. Beispiele dieser Art sind:

$[Co(NH_3)_6]^{+++}[Cr(CN)_6]'''$,
Hexamminkobalti-Hexacyanochromiat

isomer mit

$[Co(CN)_6]'''[Cr(NH_3)_6]^{+++}$.
Hexamminchromi-hexacyanokobaltiat

Für $(CN)_6$ kann auch $(C_2O_4)_3$ (oxalo-) und für $(NH_3)_6$ $(en)_3$ gedacht werden. Die isomeren Reihen unterscheiden sich augenfällig durch die Farbe, indem die Kobaltisalze braun, die Kobaltiate grün gefärbt sind.

Ferner kann eine verschiedene Verteilung der Komponenten noch bei gleichbleibendem Zentralatom nach folgender Anordnung in Frage kommen:

$$[MeA_6][MeX_6] \text{ isomer mit } [MeA_4X_2][MeA_2X_4].$$

Als Beispiel dieser Art sei das Hexamminchromi-trioxalatochromiat angeführt, das koordinationsisomer mit Oxalatotetramminchromi-di-oxalato-diamminchromiat ist:

$[Cr(NH_3)_6]^{+++}[Cr(C_2O_4)_3]'''$.
grün

isomer mit

$[Cr(NH_3)_4(C_2O_4)]^{+}[Cr(NH_3)_2(C_2O_4)_2]'$.
orange

3. Hydratisomerie.

Diese Art der Isomerie ist darauf zurückzuführen, daß in zwei oder mehr summarisch gleich zusammengesetzten Verbindungen Wassermoleküle in verschiedener Bindung enthalten sind.

Gelegentlich der Hydrattheorie (S. 33) lernten wir das Chromichlorid kennen, das mit sechs Molekülen H_2O kristallisiert. Von dieser Verbindung existieren, wie dort schon angedeutet, verschiedene Isomere, deren Konstitution aus ihrem verschiedenen Verhalten in Lösung klar hervorgeht. Das erste Isomere wird erhalten, wenn man eine kalt bereitete Chromsulfatlösung mit der zur Fällung des SO_4 nötigen Menge Bariumchlorids versetzt. Es bildet sich eine violette Lösung von Chromchlorid, in der alle drei Chloratome als Ionen vorhanden sind, was durch Leitfähigkeitsbestimmung zu messen und durch Fällung mit Silbernitrat zu erkennen ist. Wir werden es also gemäß der Hydrattheorie als Hexaquochromichlorid

$$[Cr(OH_2)_6]Cl_3$$

auffassen. Im festen Zustand ist das Salz violett gefärbt.

Kocht man die obenbeschriebene violette Lösung, so erhält man einen Farbumschlag nach Grün. Versetzen wir nunmehr die abgekühlte Lösung mit Silbernitrat, so fällt nur noch eines der drei Chloratome aus. Die zwei anderen haben sich durch Eintritt in den Komplexkern der Fällbarkeit entzogen. Die Konstitutionsformel muß daher

$$\left[Cr(OH_2)_4Cl_2\right]^{Cl}_{(H_2O)_2}$$

Dichlorotetraquochromichlorid

geschrieben werden. Sie besagt, daß durch den Eintritt zweier Chloratome zwei Wassermoleküle aus dem Kern gedrängt sind und daß so ein nur noch einwertiges Kation entstanden ist, dem als Anion ein Chloratom entspricht. Außer ihm befinden sich noch zwei Moleküle Wasser außerhalb des Komplexes in indirekter Bindung. Im festen Zustand bildet das Salz smaragdgrüne Kristalle.

Ein drittes, ebenfalls grünes Isomeres kann aus der Lösung des oben genannten Dichlorotetraquochromichlorides durch Kochen und Einleiten von Salzsäuregas neben dem Hexaquosalz gewonnen werden. Aus dem Verhalten der Lösung, die blaugrün gefärbt ist, gegen Silbernitrat und aus der Leitfähigkeit ergibt sich, daß hier das Monochloro-pentaquo-chromichlorid vorliegt:

$$\left[Cr{<}^{(OH_2)_5}_{Cl}\right]^{Cl_2}_{H_2O},$$

in welchem also nur zwei Chloratome ionogen gebunden sind, während $5\,H_2O$ und ein Chloratom im Komplex stehen.

Als weiteres charakteristisches Beispiel für diese Art der Isomerie seien noch die beiden Salze der Formel

$$Cr(en)_2(OH_2)_2Br_3$$

angeführt. Sie unterscheiden sich schon äußerlich auffällig, da eines braunorange, das andere violettrot gefärbt ist. In wäßriger Lösung wird nun bei einem, dem orangefarbenen, alles Brom durch Silbernitrat gefällt. Wir werden ihm daher die Formel

$$[Cr(en)_2(H_2O)_2]Br_3$$

Diaquo-dien-chromibromid

zuweisen. Aus der Lösung des violetten Isomeren fällt Silbernitrat nur $\frac{2}{3}$ des Gesamtbroms, wodurch sich also ein Bromatom als komplex gebunden zu erkennen gibt. Diesem Verhalten entspricht die Formel

$$[Cr(en)_2(H_2O)Br]Br_2 \cdot H_2O\ .$$

Bromo-aquo-dien-chromibromid

4. Ionisationsisomerie.

Wie schon mehrfach hervorgehoben wurde, verlieren Säureradikale, wie $-SO_4$, $-Cl$, $-Br$, $-NO_3$, ihre typischen

Ioneneigenschaften, sobald sie in erster Sphäre in einem Komplexkern gebunden sind. Die charakteristischen Fällungen der analytischen Chemie versagen und eine stärkere Säure vermag entgegen den sonstigen Regeln die schwächere nicht oder nur schwer in Freiheit zu setzen. Sind nun in einer Komplexverbindung zwei verschiedene Säurereste, x und y, vertreten, so kann entweder x oder y zum Kerne gehören. In wäßriger Lösung wird dann naturgemäß nur einer der beiden Reste als Ion abgespalten, im ersten Falle y, im zweiten x. Zwei derartige gleich zusammengesetzte Verbindungen, die in Wasser in verschiedene Ionen dissoziieren, nennt man **ionisationsisomer**.

Dem Vorgang entspricht folgende allgemeine Formel:

$$\left[\mathrm{Me}\,{}^{\mathrm{A}_5}_{x}\right]y \quad \text{ionisationsisomer mit} \quad \left[\mathrm{Me}\,{}^{\mathrm{A}_5}_{y}\right]x.$$

Man kennt z. B. zwei Salze der Formel $Co(NH_3)_5BrSO_4$, eines violett, das andere rot gefärbt. Das erstere enthält in Lösung SO_4''-Ionen, man kann sie mit $Ba^{\cdot\cdot}$-Ionen ausfällen, ist also als

$$[Co(NH_3)_5Br]^{++}SO_4''$$

Bromopentamminkobaltisulfat

aufzufassen; das zweite gibt die Reaktionen auf Br'-Ionen, und ist demnach das bromwasserstoffsaure Salz

$$[Co(NH_3)_5SO_4]^{+}Br'.$$

Sulfatopentamminkobaltibromid

Diese Verbindung gibt Veranlassung, noch einmal die bemerkenswerte Tatsache hervorzuheben, daß auch ein zweiwertiger Rest wie SO_4 in Komplexkernen bisweilen nur eine Koordinationsstelle besetzt. Valenzchemisch nimmt er aber — wohlgemerkt — stets zwei Hauptvalenzen des Zentralatoms in Anspruch, denn das Sulfatopentamminkobalti-Ion ist nur einwertig, d. h. zwei der drei Hauptvalenzen des Kobaltes sind bereits durch den SO_4-Rest abgesättigt:

$$\left[(NH_3)_5 \equiv \overset{\mathrm{III}}{\mathrm{Co}}{(=)}SO_4\right]Br \quad \text{oder} \quad \left[(NH_3)_5 \equiv Co\!<\!{}^{O}_{O}\!>\!SO_2\right]Br.$$

Einen weiteren Fall von Ionisationsisomeren bilden

$$\left[Co(NH_3)_4{}^{Cl}_{NO_2}\right]Cl \quad \text{und} \quad \left[Co(NH_3)_4{}^{Cl}_{Cl}\right]NO_2 .$$

Chloronitrotetramminkobalti chlorid — Dichlorotetramminkobalti nitrit

Auch bei Chrom ist eine derartige Erscheinung beobachtet:

$$[Cr(OH_2)_5Cl]SO_4 \quad \text{isomer mit} \quad [Cr(OH_2)_5SO_4]Cl .$$

Chloropentaquochromisulfat — Sulfatopentaquochromichlorid

5. Stereoisomerie.

Es gibt eine größere Zahl von komplexen Verbindungen des Kobalts, Chroms und Platins, die Isomerieerscheinung zeigen, ohne daß auf Grund der elektrolytischen Dissoziation oder ihres analytischen Verhaltens irgendein Unterschied im Bau der beiden Isomeren etwa im Sinne der soeben geschilderten Polymerie- oder Isomeriearten nachweisbar wäre. Da ihnen auf Grund ihres ganzen chemischen Verhaltens eine verschiedene Struktur nicht zuerteilt werden kann, so nennt man solche Verbindungen „strukturidentisch". Und doch gibt sich meist schon rein äußerlich durch auffällige Farbunterschiede zu erkennen, daß hier irgendeine Art Wesensverschiedenheit vorhanden sein muß.

Wenn nun auch in diesen Fällen eine strukturisomere Formulierung nicht gerechtfertigt ist, so ist doch immer noch ein Unterschied denkbar, der freilich bei einer Formel auf der Papierebene nicht in Erscheinung zu treten vermag, wenn nämlich die Lagerung der einzelnen Komponenten des Moleküls räumlich verschieden ist.

Denkt man sich eine Metallammoniakverbindung mit der Koordinationszahl 6, etwa $[Co(NH_3)_6]Cl_3$ als geometrische Figur, so wird die einfachste Lösung die sein, daß alle sechs koordinierten Moleküle in gleichem Abstand und in gleicher Lage zum Zentralatom stehen. Diese Forderung erfüllt die oktaedrische Anordnung, wenn wir uns das

Zentralatom im Mittelpunkt, die übrigen Komponenten an den Ecken eines Oktaeders gelegen denken:

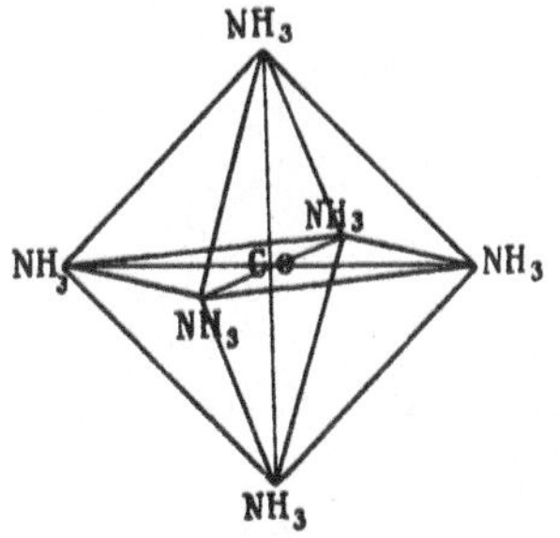

Fig. 3.

Die in indirekter Bindung befindlichen Reste, welche in Lösung als Ionen abgespalten werden, brauchen hierbei nicht in Betracht gezogen zu werden. Ihr ganzes Verhalten deutet ja darauf hin, daß sie am Aufbau des Komplexkernes keinen Anteil haben, sondern bei großer Bewegungsfreiheit in irgendeiner, nicht näher zu definierenden Weise, mit dem Komplex locker verknüpft sind.

Die zunächst rein hypothetische Annahme vom oktaedrischen Bau einer großen Klasse anorganischer Komplexverbindungen gewinnt dadurch eine feste Stütze, daß erstens alle sonst nicht erklärlichen Isomerieerscheinungen mit ihrer Hilfe eindeutig festzulegen sind und zweitens bisher keine Erscheinung beobachtet werden konnte, die im Widerspruch mit ihr stände und eine andersartige Erklärungsweise notwendig gemacht hätte. Es sind im Gegenteil eine Anzahl von isomeren Verbindungen lediglich auf der Grundlage dieser Hypothese für möglich gehalten und dann auch tatsächlich synthetisch dargestellt worden.

Zur Erklärung der vorliegenden Isomerieerscheinungen wäre nun allerdings auch noch die Annahme möglich, daß die um das Zentralatom sitzenden sechs. Gruppen in planer Anordnung, wie beim Benzolkern, gelagert sind. In diesem Falle müßten bei einer allgemeinen Zusammensetzung MeA_4B_2, wie bei den Benzolderivaten vom Typus

$C_6H_4R_2$, drei Isomere, nämlich ortho, meta und para möglich sein, die diesen Formelbildern entsprechen:

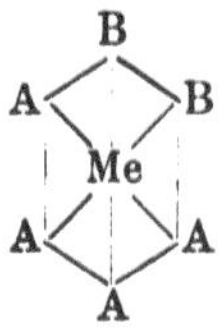

ortho

oder

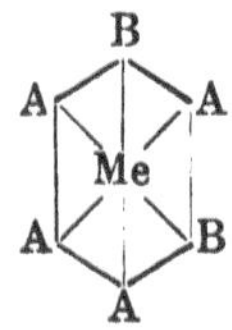

meta

oder

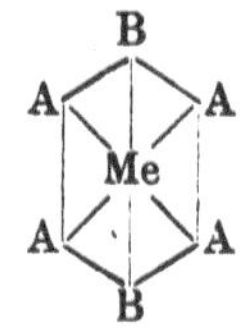

para

Ebenso müßten bei Verbindungen vom Typus MeA_3B_3 drei Isomere, nämlich

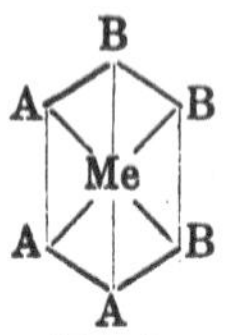

Vicinal

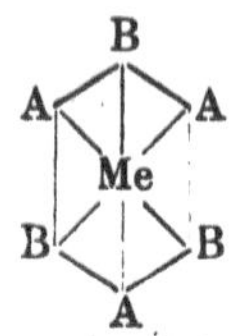

symmetrisch

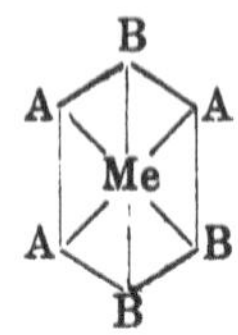

asymmetrisch

auftreten.

Da es nun in keinem Falle möglich gewesen ist, von Reihen der beiden genannten Typen drei Isomere zu erhalten, vielmehr stets nur zwei darstellbar waren, scheint es sicher erwiesen, daß nur die Theorie der räumlichen Lagerung den tatsächlichen Verhältnissen gerecht zu werden vermag.

Wenn wir im folgenden den Metallammoniakverbindungen Raumformeln zuweisen, werden wir uns stets die

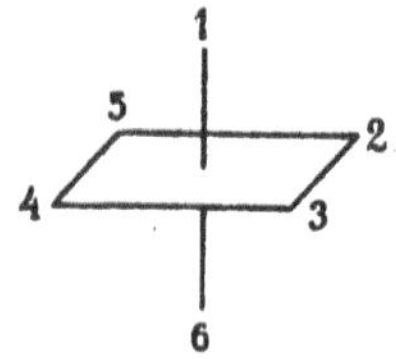

Fig. 4.

oben gezeichnete Oktaederfigur vor Augen halten, jetzt aber der Übersichtlichkeit wegen stets die vorstehende vereinfachte Form wählen und aus gleichen Gründen auf die Einzeichnung des Zentralatoms verzichten. Den einzelnen Ecken des Oktaeders weisen wir die Bezifferung 1—6 gemäß der Anordnung der Fig. 4 zu.

Stereoisomerie der Reihe MeA_4B_2.

Wenden wir unsere Raumformel nun auf ein konkretes Beispiel an, etwa auf die drei Kobaltammoniake

$$[Co(NH_3)_6], \quad [Co(NH_3)_5NO_2], \quad [Co(NH_3)_4(NO_2)_2].$$
$$\text{I} \qquad\qquad \text{II} \qquad\qquad \text{III}$$

Formel I gibt das Raumbild:

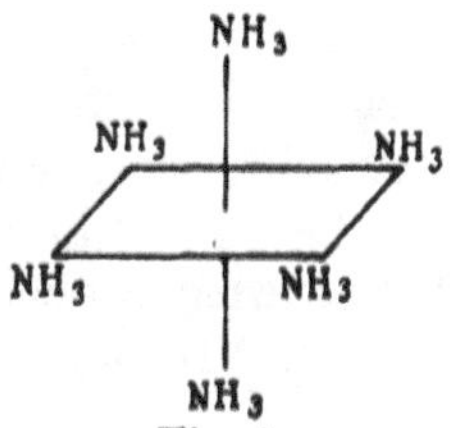

Fig. 5.

Formel II gibt:

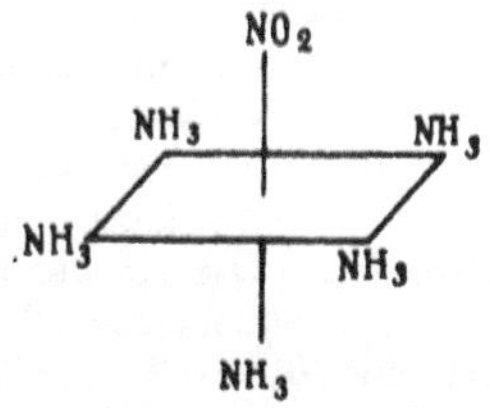

Fig. 6.

wobei es gleichgültig ist, welchen Platz wir der NO_2-Gruppe anweisen. Von Formel III können wir 2 Raumbilder entwerfen:

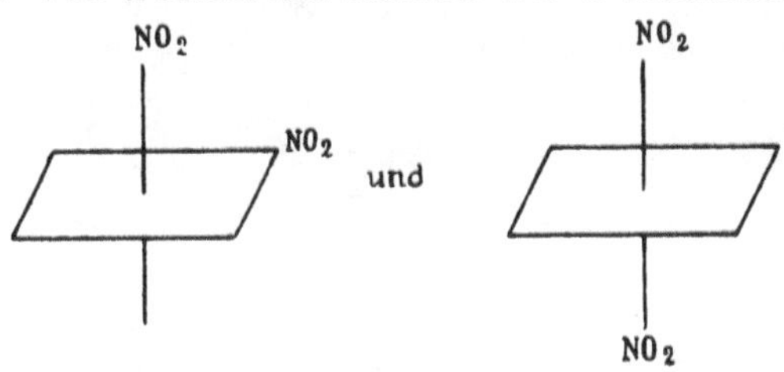

1,2 Nitro-, 1,6 Nitro-,

Fig. 7.

Hier ist der erste Fall von Stereoisomerie denkbar und tatsächlich existieren 2 Salze der Formel $Co(NH_3)_4(NO_2)_2$, ein braunes, Flavo-, ein gelbes, Croceosalz genannt. Welches der beiden 1,2, welches 1,6 Salz ist, kann zunächst nicht gesagt werden. Diese Frage wird durch die Konfigurationsbestimmung später gelöst werden. Zunächst wissen wir nur, daß der Unterschied im Bau der beiden Isomeren darin besteht, daß in einem die NO_2-Gruppen in benachbarter Stellung, auch „Cis"-Stellung genannt, im anderen in entfernter „Trans"-Stellung stehen. Statt Cis-Transstellung spricht man auch von Kanten- (1,2) und Axial- (1,6) substitution.[1])

Außer den soeben als Beispiel genannten Dinitrotetrammin-kobaltisalzen gibt es noch eine größere Zahl analog gebauter Kobalt- und Chromverbindungen, von denen eine Auswahl hier wiedergegeben sei.

Durch Ersatz der vier NH_3-Moleküle durch zwei zwei-

[1]) Das Verständnis für stereochemische Betrachtungen wird wesentlich erleichtert, wenn man einen „stereochemischen Baukasten" zu Hilfe nimmt. Dieser besteht aus einigen kleinen Korkstopfen oder Korkscheiben und einer Anzahl mit verschiedenfarbigen Glasköpfen versehenen Stecknadeln, wie sie als Markierungsnadeln vielfach auf Landkarten verwendet werden. Die Korke stellen das Zentralatom dar. In sie werden jeweils 6 Nadeln zur Oktaederform eingespießt. Moleküle, wie Äthylendiammin, die zwei Koordinationsstellen besetzen, werden durch einen zweifach gebogenen Draht markiert. Die so entstehenden Modelle haben etwa folgendes Aussehen:

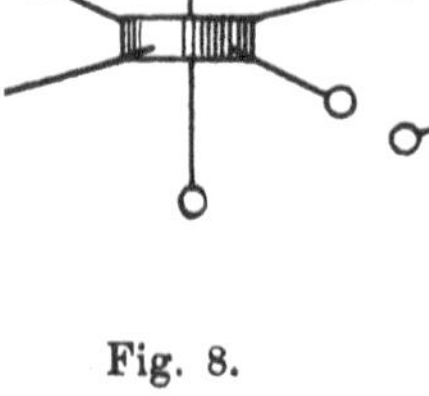

Fig. 8.

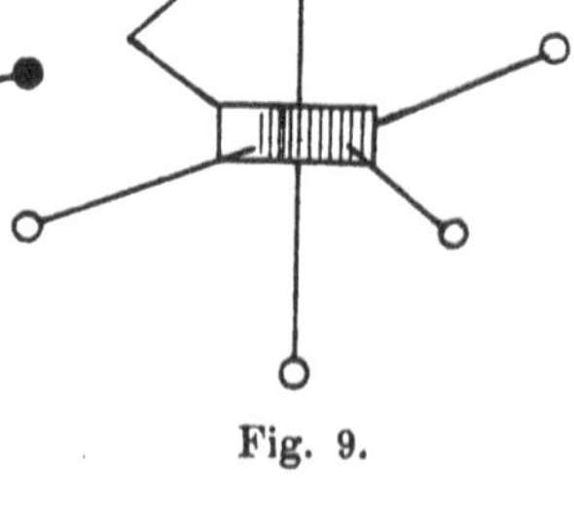

Fig. 9.

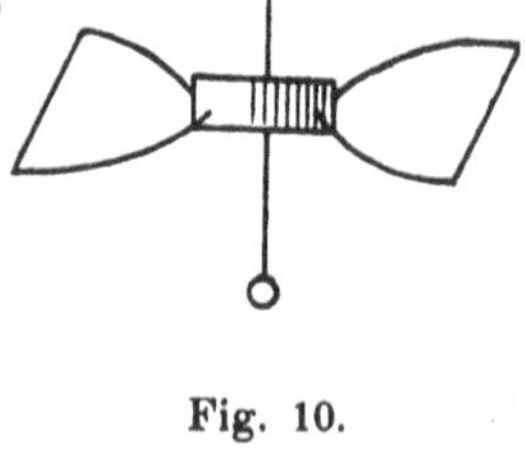

Fig. 10.

wertige Äthylendiamminmoleküle, $NH_2 - CH_2 \cdot CH_2 \cdot NH_2$ (abgekürzt en) entstehen Dinitro-diäthylendiammin-kobaltsalze

$$[NO_2)_2Co(en)_2]X,$$

ebenfalls in einer Flavo- und einer Croceoreihe.

Sind die komplexgebundenen NO_2-Reste durch Cl oder Br ersetzt, so entstehen Salze der violett gefärbten Violeo- und der grün gefärbten Praseoreihe, von der sowohl beim Kobalt, wie beim Chrom Vertreter bekannt sind:

$$[Cl_2Cr(en)_2]X \quad \text{und} \quad [Cl_2Co(en)_2]X.$$

Tritt an die Stelle von Chlor oder Brom der Rhodanrest SCN, so entstehen beim Chrom die rotorange oder gelborange gefärbten Dirhodanato-diensalze

$$[(SCN)_2C_2(en)_2]X$$

und beim Ersatz von Säureradikalen durch Aquogruppen die gleichgefärbten Diaquo-diensalze

$$[(H_2O)_2Cr(en)_2]X_3.$$

Wie einzelne Vertreter der isomeren Reihen dargestellt werden können, soll später besprochen werden. Wir wenden uns jetzt der Frage zu, wie es gelingt, den Stereoisomeren eine bestimmte Raumformel zuzuweisen, mit anderen Worten, zu entscheiden, ob dem Flavosalz oder Croceosalz, dem Violeo- oder Praseosalz die 1,2 oder Kantenstellung gebührt.

Konfigurationsbestimmung.

Die Cis-Transisomerie ist ursprünglich an organischen Verbindungen abgeleitet worden. Eine kurze Betrachtung der dortigen Verhältnisse wird das Verständnis der anorganischen Stereochemie erleichtern.

Ein einfaches Beispiel für die vorliegende Isomerieart liefert die Fumar- und Maleinsäure der Formel COOH · CH:CH · COOH. Ein so zusammengesetztes Molekül kann in zwei räumlich verschiedene Formen gebaut sein, nämlich:

$$\begin{array}{c} H\cdot C-COOH \\ \| \\ H\cdot C-COOH \\ \text{Cis} \end{array} \quad \text{und} \quad \begin{array}{c} COOH\cdot CH \\ \| \\ H\cdot C-COOH \\ \text{Trans} \end{array}$$

Daß beide Formen nicht identisch sind, d. h. eine Kongruenz nicht dadurch erreichbar ist, daß die doppelgebundenen C-Atome um 180° gegeneinander verdreht werden können, ergibt sich aus der räumlichen Zeichnung, unter Benutzung von Tetraedern, die bekanntlich als Verkörperung der Valenzen des vierwertigen C-Atoms gelten; durch die doppelte Bindung wird das Molekül gewissermaßen ein starres System.

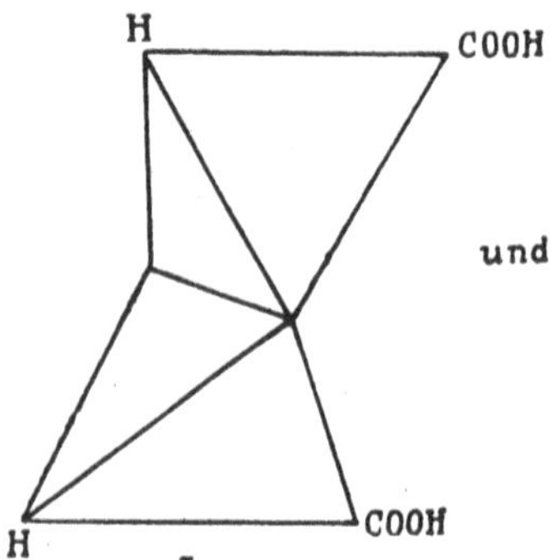

I

Fig. 11.

und

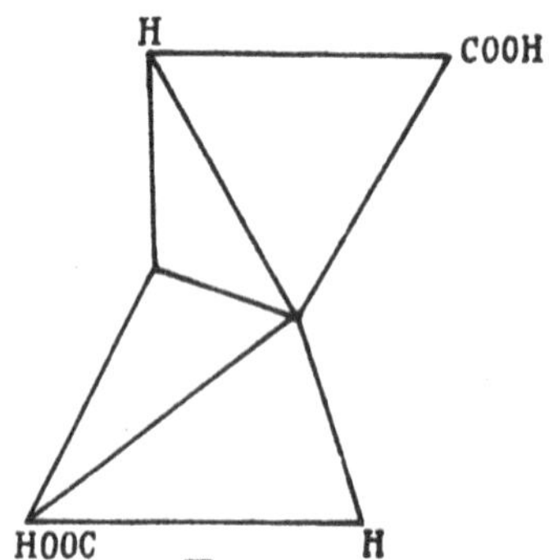

II

Fig. 12.

Die Entscheidung, welche Formel der Fumarsäure, welche der Maleinsäure zukommt, gelingt auf Grund ihres verschiedenen chemischen Verhaltens. Die Maleinsäure ist befähigt, ein Anhydrid zu bilden, die Fumarsäure nicht. Da das Anhydrid durch eine Reaktion zwischen den beiden COOH-Gruppen unter Wasserabspaltung zustande kommt, kann man folgern, daß diese nur bei benachbarter Stellung dieser beiden Gruppen eintreten kann, daß also dem anhydridbildenden Maleinsäuremolekül die Formel I zukommt.

Man bezeichnet auf Grund dieser Isomerieerscheinung ganz allgemein die Cis-Stellung als „maleinoide“, die Trans-Stellung als „fumaroide“ Form.

Die Erscheinung, daß zwischen räumlich benachbarten Gruppen Reaktionen eintreten, die zu einem sogenannten Ringschluß führen, im vorstehenden Fall zur Bildung von

wird in der organischen Chemie häufig beobachtet und die Erklärungsweise dadurch sehr gekräftigt.

An ein anderes typisches Beispiel solcher Ringschließung sei hier noch kurz erinnert. Von den Dikarbonsäuren Oxalsäure, Malonsäure, Bernsteinsäure und Glutarsäure sind nur die beiden letzten befähigt, Anhydride zu bilden. Vergegenwärtigen wir uns ihre Strukturformeln,

COOH	COOH	COOH	COOH
COOH	CH_2	CH_2	CH_2
	COOH	CH_2	CH_2
		COOH	CH_2
			COOH
Oxalsäure	Malonsäure	Bernsteinsäure	Glutarsäure

so will es allerdings zunächst scheinen, als ob gerade bei Oxalsäure und Malonsäure die beiden Karboxylgruppen in großer Nähe ständen und darum bei ihnen leichter ein Ringschluß zustande kommen müsse, als bei den übrigen. Nimmt man aber wieder die Tetraederformeln zu Hilfe, so erkennt man das Irrige einer solchen Annahme. Es zeigt sich, daß bei den Säuren mit 4 und 5 C-Atomen die fraglichen Karboxylgruppen viel näher aneinander stehen, als bei den niederen Homologen:

Oxalsäure

Fig. 13.

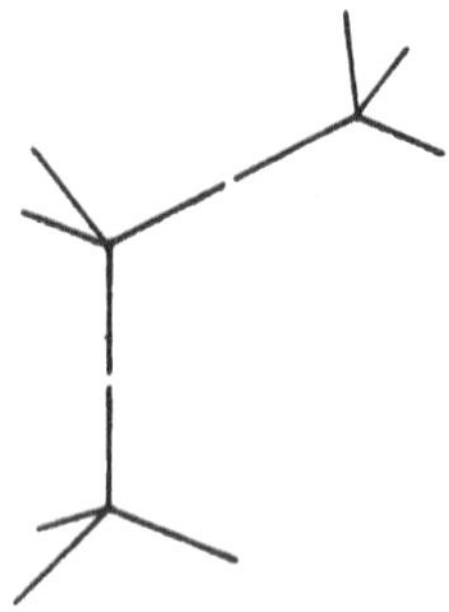

Malonsäure

Fig. 14.

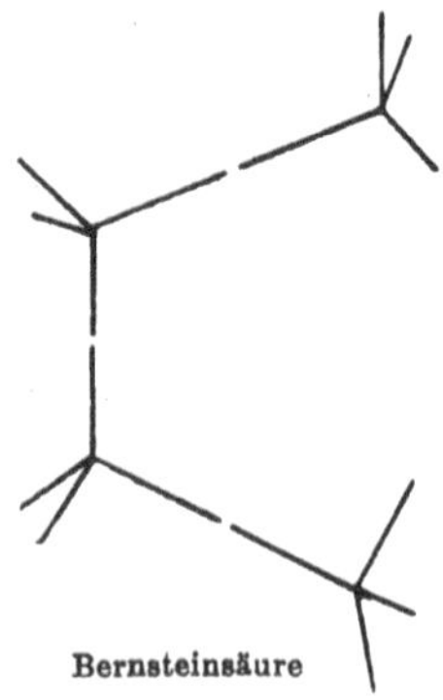

Bernsteinsäure

Fig. 15.

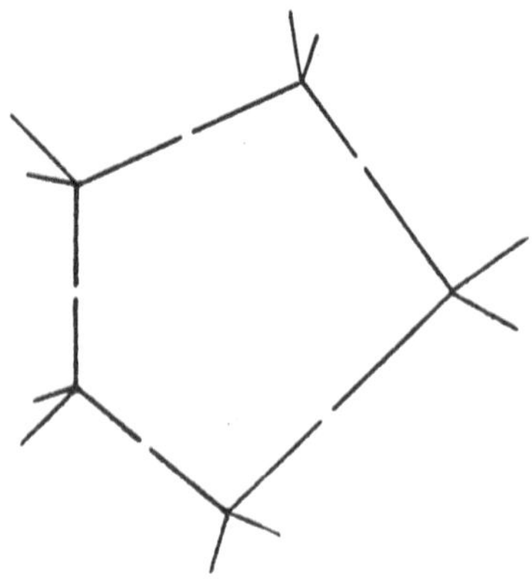

Glutarsäure

Fig. 16.

Diese in der Chemie der Kohlenstoffverbindungen bewährten Anschauungen hat Werner nun auf die anorganische Stereoisomerie übertragen.

Es gibt einzelne Reihen von Metallkomplexsalzen, bei deren Entstehung ebenfalls eine Art Ringbildung angenommen werden muß, so bei den Oxalo- und Karbonatosalzen.

Tritt der Rest der Oxalsäure

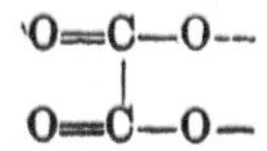

an das Zentralatom eines Komplexkerns unter Bildung von

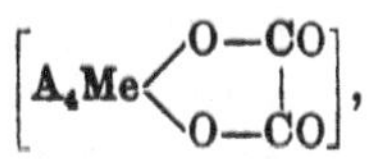

so liegt deutlich erkennbar ein Ringschluß vor.

Welche Stellen besetzen nun die beiden O-Atome am Zentralatom, zwei benachbarte oder zwei axiale, räumlich entfernte?

In Erinnerung an die organischen Verbindungen werden wir uns ohne Bedenken für die benachbarten Stellen entscheiden und die Formel I der sehr gezwungen aussehenden Formel II vorziehen.

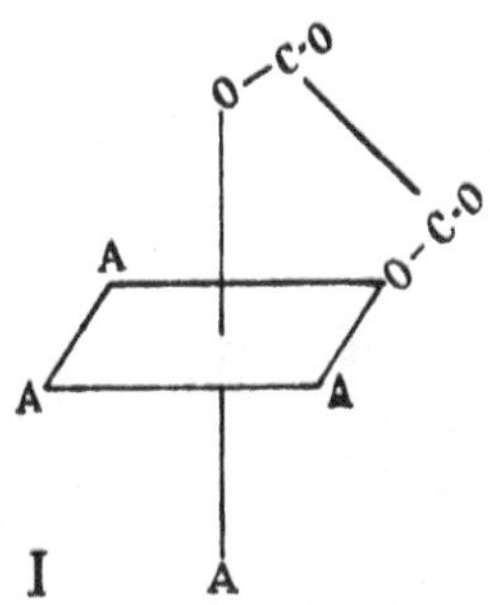

Fig. 17.

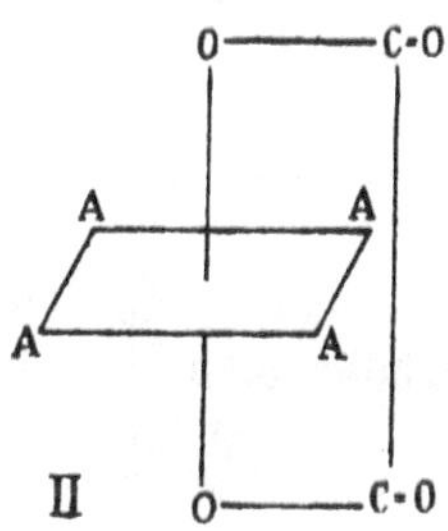

Fig. 18.

Ein Ringschluß unter Benutzung zweier weit entfernt liegender Valenzen ist an sich höchst unwahrscheinlich und daß er in der Tat vermieden wird, zeigt sich dadurch, daß die Oxalo- und Karbonatosalze, obwohl sie zum Typus MeA_4B_2 gehören, keine stereoisomeren Reihen bilden. Die der Formel I entsprechende stereoisomere Formel II kann eben aus Gründen räumlicher Behinderung nicht zustande kommen.

Für die Karbonatosalze gilt das gleiche. Auch hier liegt im Sinne der Formel

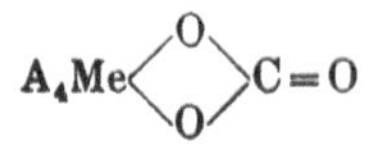

eine Ringbildung vor, die unter Benutzung zweier räumlich entfernter Koordinationsstellen nicht zustande kommt.

Man kann also mit Bestimmtheit den Oxalo- und Karbonatosalzen die Cis-Form zuweisen.

Ein weiterer schwerwiegender Beweis für die Richtigkeit dieser Annahme ist darin zu sehen, daß die Karbonato- und Oxalodienkobaltisalze Spiegelbildisomerie zeigen, eine Erscheinung, die, wie später gezeigt wird (S. 67), nur bei Cis-Formen vorkommen kann.

Die Oxalo- und Karbonatosalze bilden als unzweideutige Cis-Verbindungen die Grundlage der Konfigurationsbestimmung. Alle Verbindungen des Typus MeA_4B_2, welche in genetischer Beziehung zu jenen stehen, sei es, daß sie aus ihnen in direkter Umsetzung gewonnen, sei es, daß sie in Karbonato- oder Oxalosalze übergeführt werden können, werden wir als Cis-Formen ansprechen müssen.

Die Isomerie der oben erwähnten Flavo- und Croceosalze erhellt sich durch folgende Reaktionen: Behandelt man Oxalo- (oder Karbonato-)tetramminkobaltichlorid (Formel I) mit verdünnter Salzsäure, so geht es in Diaquotetramminsalz (Formel II) über, das somit auch cis ist.

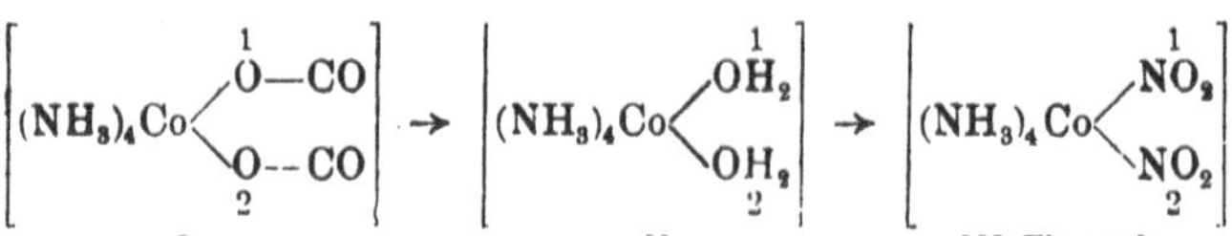

I II III Flavosalz.

Aus ihm entsteht beim Behandeln mit salpetriger Säure das braune Flavosalz (Formel III), das somit als 1,2 Dinitro- oder Cisverbindung erkannt ist. Das isomere Croceosalz ist demnach die Trans (1,6) verbindung.

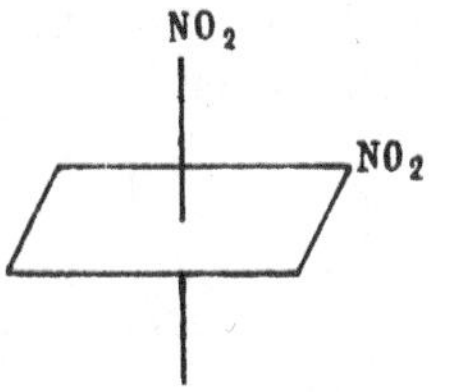

Flavoreihe.
Fig. 19.

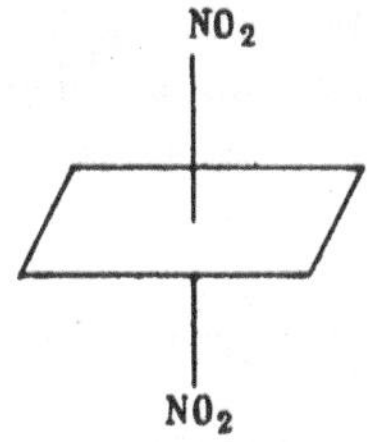

Croceoreihe.
Fig. 20.

Die Salze der Croceoreihe bilden sich ihrerseits niemals aus 1,2 Diaquosalzen, sondern bei der Einwirkung von HNO_2 auf Nitropentamminsalze:

$$[Co(NH_3)_5NO_2](NO_2)_2 + HNO_2 = N_2 + 2H_2O + \left[(NH_3)_4Co\begin{matrix} \overset{1}{NO_2} \\ \underset{6}{NO_2} \end{matrix}\right]NO_2$$

oder aus den 1,6 Diaquosalzen, die ihrerseits niemals aus Karbonato- oder Oxalosalzen entstehen.

Konfiguration der Violeo- und Praseosalze.

Die ebenfalls zum Typus MeA_4B_2 gehörenden Dichloro-(dibromo)-dienkobaltisalze kennt man in zwei isomeren Reihen, die nach der Farbe als Violeo- und Praseosalze unterschieden werden.

Deren Konfiguration ergibt sich ebenfalls aus dem Zusammenhang mit den Karbonatosalzen. Läßt man auf Karbonatodien-kobaltisalz konzentrierte Salzsäure einwirken, so entsteht zunächst als erstes Reaktionsprodukt das Violeosalz, obwohl dieses unbeständig gegen Säuren ist. Dementsprechend lagert es sich bald in das beständige Praseosalz um. Es folgt daraus, daß das gemäß der Gleichung:

$$(en)_2Co\begin{matrix} \overset{1}{O} \\ \underset{2}{O} \end{matrix}CO + 2HCl = (en)_2Co\begin{matrix} \overset{1}{Cl} \\ \underset{2}{Cl} \end{matrix} + H_2O + CO_2$$

primär entstehende Chlorosalz die Cisverbindung ist. Der Praseoreihe kommt also die Transform zu:

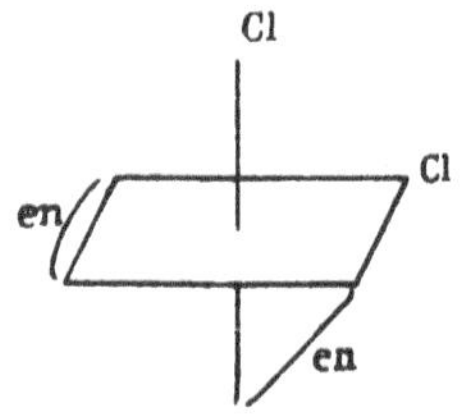

Violeo

Fig. 21.

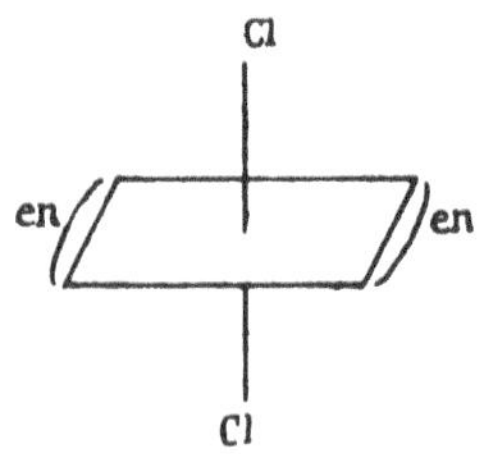

Praseo

Fig. 22.

Gestützt wird dieser Konstitutionsbeweis noch dadurch, daß die Violeosalze auch aus Sulfito-di-enkobaltichlorid beim vorsichtigen Erhitzen mit konzentrierter Salzsäure entstehen, aus einer Verbindung, die infolge ihrer Formulierung (Fig. 23) als Komplex mit Ringschluß zur Cisreihe gehören muß.

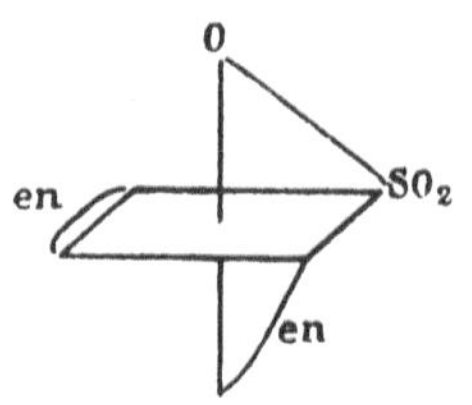

Fig. 23.

Die Konfigurationsbestimmung der entsprechend gebauten, oben erwähnten Chromverbindungen erfolgt ebenfalls auf Grund der genetischen Beziehungen zu den zur Cisreihe gehörenden Oxalo-dienchromisalzen

$$\left[(en)_2Cr\begin{matrix}O-CO\\ \mid\\ O-CO\end{matrix}\right]X.$$

Aus diesen entstehen nur die violetten Dichloro- und Dibromosalze, die danach ebenfalls Cisverbindungen sind.

Die grüne, stereoisomere Transverbindung entsteht hier aus dem einen Isomeren der zwei Dirhodanato-di-enchromisalze, dem gelborange gefärbten 1,6 Salz (Fig. 24), indem die Rhodanreste durch Cl oder Br ersetzt werden.

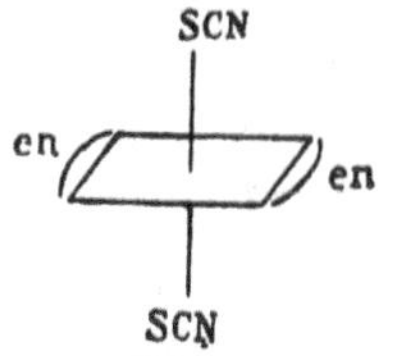

Fig. 24.

Schließlich gehören hierher noch die zwei Isomeren des bereits früher erwähnten Tetrachloro-diamminplatin $Pt(NH_3)_2Cl_4$. An Hand dieser Verbindung wurde eingangs das Wesen der Koordinationsformel erläutert. Auf Grund des chemischen Verhaltens kommt beiden Isomeren die Formel

$$\begin{array}{c} NH_3 \\ Cl\cdot\ \ \cdot Cl \\ Pt \\ Cl\cdot\ \ \cdot Cl \\ NH_3 \end{array}$$

zu. Irgendeine Art von Strukturverschiedenheit ist nicht möglich, so daß also auch hier Stereoisomerie vorliegen muß, was bei der Zugehörigkeit der Verbindungen zum Typus MeA_2B_4 nicht Wunder nimmt. Der Unterschied mit den besprochenen Kobalt- und Chromsalzen besteht nur darin, daß hier 2 Ammoniakmoleküle und 4 Chloratome, bei jenen 4 Ammoniakmoleküle und 2 Chloratome im Komplex stehen. Nach den bisherigen Darlegungen findet die Isomerie durch folgende Formeln Ausdruck:

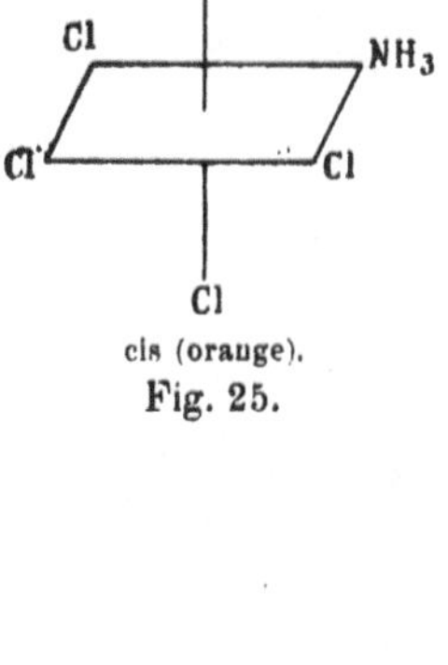

cis (orange).
Fig. 25.

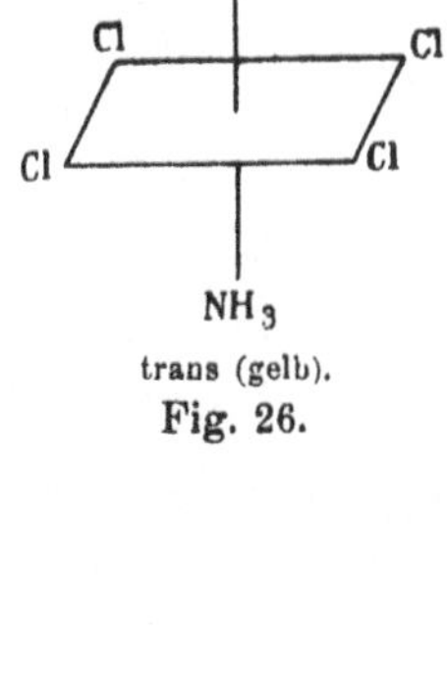

trans (gelb).
Fig. 26.

Eine direkte Konfigurationsbestimmung ist hier bisher noch nicht möglich gewesen. Jedoch kann man aus dem Bau der beiden isomeren Dichloro-diamminplatine, welche bei Addition von Chlor in die vorliegenden Isomeren übergehen, schließen, daß die orangegefärbte Verbindung cis-, die gelbe trans-Tetrachloro-diammin-platin ist. Auf die Einzelheiten dieser Verwandtschaftsbeziehung kommen wir nach Besprechung der Verbindungen mit zweiwertigen Platin zurück.

Verbindungen vom Typus MeA_2B_2.

Hauptsächlich wird dieser Typus durch Verbindungen des zweiwertigen Platins, des Palladiums und des Kupfers vertreten. Als einzelne Beispiele nennen wir:

$[Pt(NH_3)_2Cl_2]$	$[Pd(py)_2Cl_2]$	$[Cu(NH_3)_2(CNS)_2]$
Dichloro-diamminplatin.	Dichloro-dipyridinpalladium.	Dirhodanato-diamminkupfer.

Besonderes Interesse verdient wegen des Auftretens zweier isomeren Formen die Platinverbindung. Da auf Grund des chemischen Verhaltens eine Konstitutionsisomerie nicht anzunehmen ist, kommt auch hier räumliche Isomerie in Betracht.

Die räumliche Anordnung einer Verbindung vom Typus MeA_2B_2 können wir in zweifacher Weise vornehmen. Entweder stellt man das Zentralatom in Anlehnung an die Stereochemie des Kohlenstoffs in die Mitte eines Tetraeders (I)

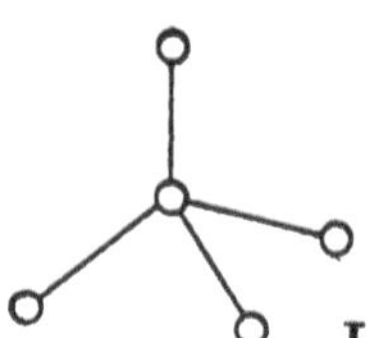

I

Fig. 27.

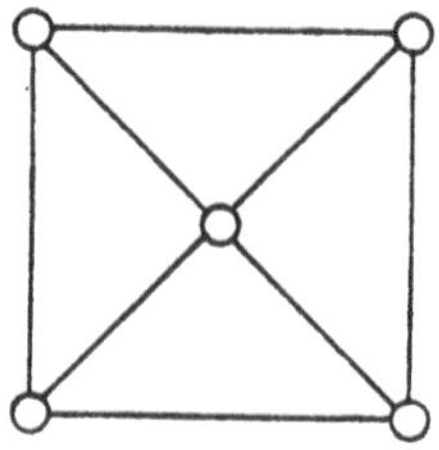

II

Fig. 28.

oder man nimmt die vier Koordinationsstellen in planer Anordnung als Ecken eines Quadrates gemäß Formel II an

Nun zeigt die Stereochemie der Kohlenstoffverbindungen aber, daß bei tetraedrischer Anordnung eine Isomerie erst dann möglich wird, wenn alle vier Substituenten voneinander verschieden sind, für unseren Fall also der Typus Me(ABCD) erreicht ist. Dann ergeben sich zwei Isomere (1) und (2), die sich wie Gegenstand und Spiegelbild verhalten:

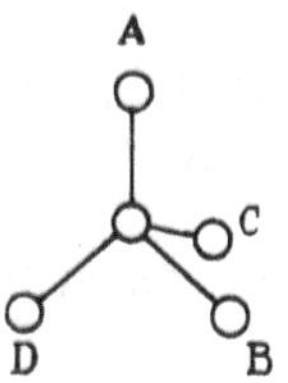

1

Fig. 29.

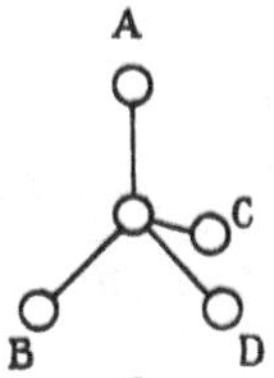

2

Fig. 30.

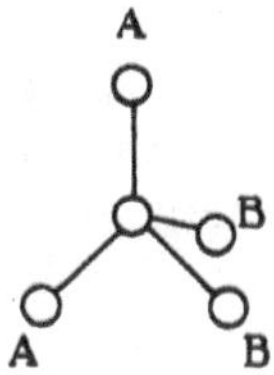

3

Fig. 31.

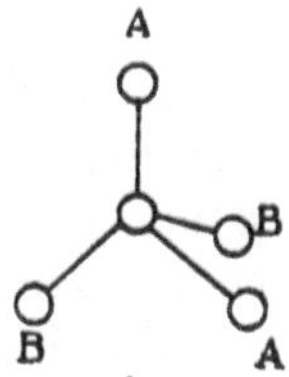

4

Fig. 32.

Bei dem vorliegenden Typus MeA_2B_2 aber sind die beiden Tetraeder (3) und (4) identisch. Durch eine Drehung um 120° von (4) im Sinne des Uhrzeigers wird dies augenfällig.

Nicht zur Deckung zu bringen sind dagegen die auf Grund der Formel II entworfenen Bilder:

Trans

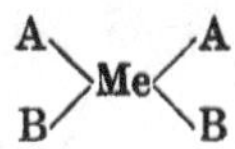

Cis

Hier muß wieder ein isomeres Paar mit Cis- und Transfiguration entstehen.

Das Auftreten zweier isomerer Dichloro-diammin-platine beweist also, daß unsere Auffassung von einer räumlich verschiedenen Anordnung, und zwar im Sinne der Formel II, richtig ist.

Die beiden Isomeren unterscheiden sich, wie üblich, durch die Farbe, das eine, orangegelb gefärbt, heißt auch Platinsemidiamminchlorid, das andere, schwefelgelbe, nennt man Platosamminchlorid.

Konfigurationsbestimmung.

Wir weisen, zunächst einmal ohne Berechtigung, dem Platosemidiamminchlorid die Formel I (cis), dem Platosamminchlorid die Formel II (trans) zu:

$$\underset{\text{I}}{\begin{matrix} NH_3 \\ NH_3 \end{matrix} > Pt < \begin{matrix} Cl \\ Cl \end{matrix}} \qquad \underset{\text{II}}{\begin{matrix} NH_3 \\ Cl \end{matrix} > Pt < \begin{matrix} Cl \\ NH_3 \end{matrix}}$$

Die Richtigkeit dieser Annahme beweist folgender Unterschied im Verhalten bei chemischer Umsetzung: Läßt man auf Platosemidiamminchlorid 2 Moleküle Pyridin einwirken, so entsteht durch Einlagerung Dipyridindiamminplatochlorid:

$$\left[Pt < \begin{matrix} (py)_2 \\ (NH_3)_2 \end{matrix}\right] Cl_2 \qquad (\alpha)$$

Lagert man an Platosamminchlorid 2 Moleküle Pyridin an, so entsteht ebenfalls ein Dipyridin-diamminplatochlorid, das aber mit (α) nicht identisch ist:

$$\left[Pt < \begin{matrix} (py)_2 \\ (NH_3)_2 \end{matrix}\right] Cl_2 \qquad (\beta)$$

Beim Erhitzen zeigen die beiden Isomeren folgenden Unterschied:

(α) spaltet ein Molekül NH_3 und ein Molekül Pyridin ab und geht über in Platopyridin-amminchlorid:

$$\left[Pt < \begin{matrix} (NH_3)_2 \\ (Py)_2 \end{matrix}\right] Cl_2 = Cl_2Pt < \begin{matrix} NH_3 \\ Py \end{matrix} + Py + NH_3 .$$

(β) dagegen spaltet entweder zwei Moleküle NH_3 oder zwei Moleküle Pyridin ab und es entsteht ein Gemisch von Platosamminchlorid und Platopyridinchlorid:

$$2\left[Pt \begin{matrix} (NH_3)_2 \\ (Py)_2 \end{matrix}\right] Cl_2 = 2\,Py + 2\,NH_3 + Cl_2Pt < \begin{matrix} NH_3 \\ NH_3 \end{matrix} + Cl_2Pt < \begin{matrix} Py \\ Py \end{matrix}$$

Beim Erhitzen gehen also beide, *α* wie *β*, über in Körper der Platosamminreihe, der wir die allgemeine Formel

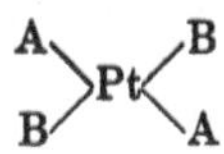

zugewiesen haben.

Stimmt dies Verhalten nun mit den von uns angenommenen Formelbildern überein?

Das Semidiamminchlorid sollte geben:

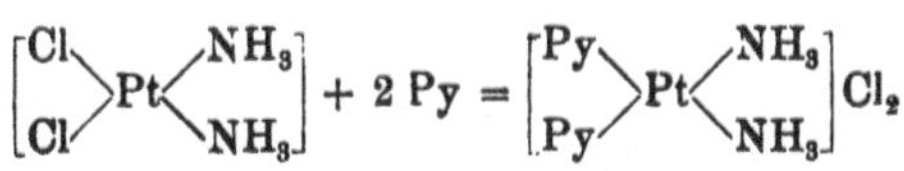

(*α*)

Das Amminchlorid:

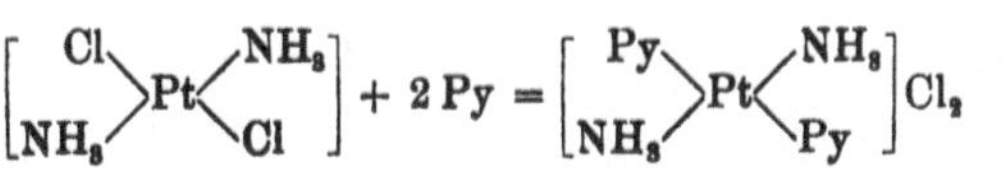

(*β*)

Betrachten wir (*α*), so ist ersichtlich, daß der Übergang in die Platosammin-(trans)reihe nur unter Abspaltung von 1 NH_3 und 1 Py vor sich gehen kann; aus (*α*) muß eine gemischte Verbindung $PtNH_3PyCl_2$ nach folgender Gleichung entstehen:

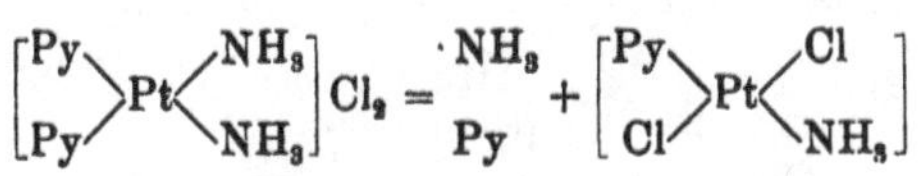

Dagegen zeigt sich bei (*β*), daß der Übergang in eine Transverbindung auf zwei verschiedene Arten vor sich gehen kann, entweder durch Verlust von 2 NH_3 oder von 2 Py:

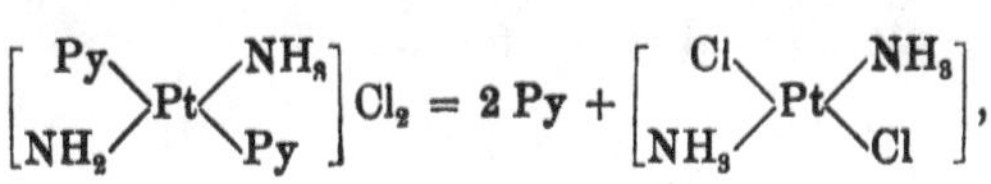

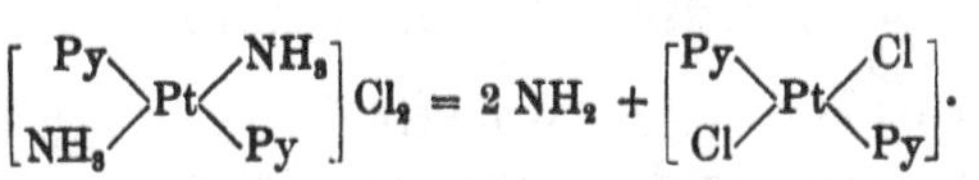

Die Reaktionen, welche sich in Wirklichkeit abspielen, stehen also in voller Übereinstimmung mit denen, die wir nach unserer Formelzuweisung erwarten müssen und bestätigen so deren Richtigkeit.

Verbindungen vom Typus MeA_3B_3.

Auf Seite 48 wurde darauf hingewiesen, daß beim Typus MeA_3B_3 unter Zugrundelegung von Raumformeln ebenfalls zwei Isomere zu erwarten seien. Die Verschiedenheit zeigt sich in folgender Weise:

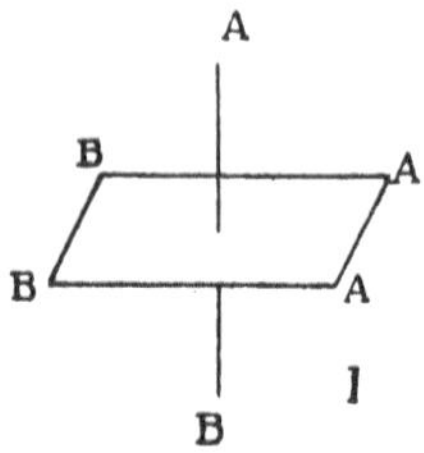

Fig. 33.

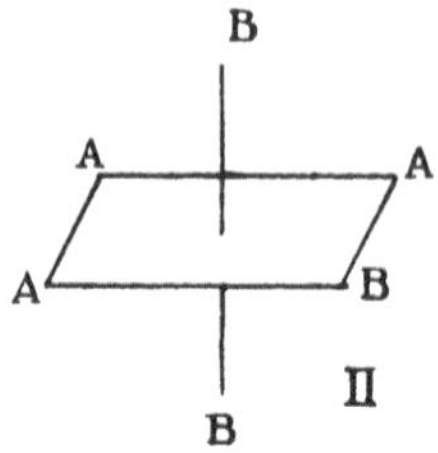

Fig. 34.

In Formel I liegen die drei A in den Ecken einer Oktaederfläche, in Formel II nicht.

Vertreter dieses Typus sind bisher sehr spärlich. Man kennt das Trinitro-trihydroxo-kobaltiat

$$\left[Co\begin{matrix}(OH)_3\\(NO_2)_3\end{matrix}\right]Me_3$$

in zwei isomeren Formen, einer zinnoberroten und einer braunroten. Eine Konfigurationsbestimmung ist bei diesem Typus noch nicht möglich gewesen. Immerhin ist das Auftreten zweier Isomerer jedoch ein weiterer Beweis für die Gültigkeit der Oktaederformel.

6. Spiegelbildisomerie.

Wenn bei einer Komplexverbindung vom Typus MeA_4B_2 die vier A durch zwei zweiwertige Gruppen wie Äthylendiammin ersetzt sind, muß auf der Grundlage des Oktaederschemas eine weitere Art von räumlicher Isomerie möglich sein. Von der Cis-Form einer solchen Verbindung kann man nämlich zwei Formeln entwerfen, die sich zwar in

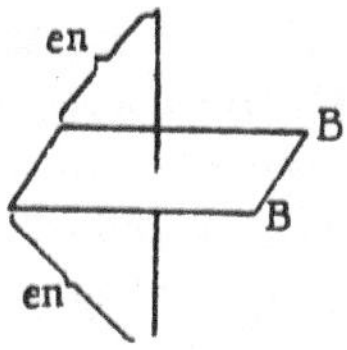

Fig. 35.

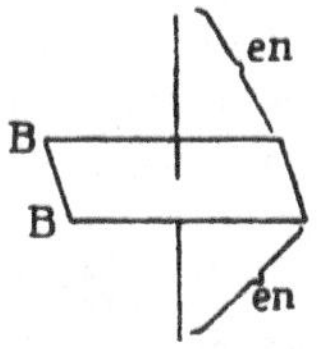

Fig. 36.

der Stellung der einzelnen Komponenten zum Zentralatom nicht unterscheiden, dennoch aber nicht identisch sind, sondern im Verhältnis von Gegenstand und Spiegelbild zueinander stehen. Diese Art Isomerie, bei Kohlenstoffverbindungen schon seit langem und häufig beobachtet, führt den Namen Spiegelbildisomerie.

Tatsächlich ist es nun auch bei Verbindungen vom genannten Typus gelungen, von der Cis-Form zwei derartige Spiegelbildisomere darzustellen. Hierin ist ein schlagender Beweis für die Richtigkeit der Oktaederformel zu erblicken, ein Beweis, der dadurch noch mehr an Überzeugungskraft gewinnt, daß bei den Transformen infolge ihres symmetrischen Baues

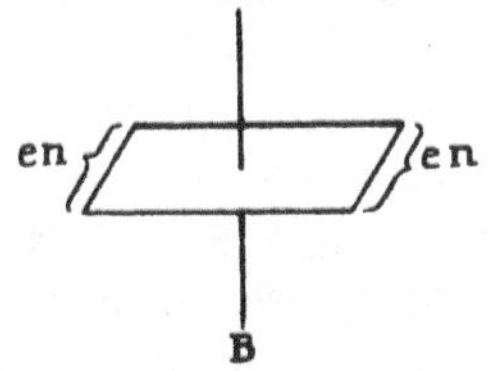

Fig. 37.

eine derartige Isomerie unmöglich und auch nie beobachtet worden ist.

Die Asymmetrie der beiden isomeren Cis-Formen bei sonst völlig gleicher Struktur bedingt, daß Unterschiede in chemischer Beziehung nicht vorhanden sind. Lediglich zwei wichtige Verschiedenheiten physikalischer Natur machen sich bemerkbar, erstens bilden die Isomeren „enantiomorphe“ Kristalle, d. h. solche, die sich ebenfalls wie Gegenstand und Spiegelbild verhalten, zweitens drehen sie, und zwar fest wie auch gelöst, die Ebene des polarisierten Lichtes in verschiedenem Sinne. Aus diesem Grunde nennt man sie „optisch aktiv“ und bezeichnet als Linksform (*l*) das linksdrehende, als Rechtsform (*d* von dexter) das rechtsdrehende Molekül.

Bei der Darstellung solcher optisch aktiver Komplexverbindungen bildet sich zumeist ein äquimolekulares Gemisch der „Antipoden“, in welchem Rechts- und Linksdrehung sich gegenseitig aufhebt, das also zunächst optisch inaktiv erscheint. Die Spaltung dieser „racemischen“ Mischung in die optisch aktiven Komponenten gelingt, ganz analog wie bei den Kohlenstoffverbindungen, durch Salzbildung mit ebenfalls optisch aktiven Basen oder Säuren. Sie beruht darauf, daß die zwei entstehenden Verbindungen

$$A^d + B^d = (A^d B^d)$$

$$A^l + B^d = (A^l B^d)$$

verschiedene Löslichkeit besitzen und so durch fraktionierte Kristallisation getrennt werden können.

Als Basen kommen hierfür hauptsächlich Chinin, Strychnin, Cinchonin; als Säuren Weinsäure, Kampfersulfonsäure oder Bromkampfersulfonsäure in Betracht.

Liegt beispielsweise ein Chlorid vor, so versetzt man dessen Lösung mit *d*-bromkampfersulfonsaurem Silber, erhält so unlösliches Silberchlorid und die *d*-Sulfonate der *d*-Form und der *l*-Form. Aus dieser Lösung werden die beiden Salze fraktioniert ausgeschieden.

Von den einzelnen Vertretern des Typus $MeA_2''B_2$ seien folgende genannt: Dichloro-, Dinitro-, Diammin-di-en-Salze des Kobalts,

$$\underset{\text{Violeoreihe}}{[Co\,en_2Cl_2]X}; \quad \underset{\text{Flavoreihe}}{[Co\,en_2NO_2]X}; \quad [Co\,en_2(NH_3)_2]X\,.$$

Sie bilden, wie früher besprochen, in Form von Violeo- und Praseo-, Flavo- und Croceosalzen Cis-Transisomerie. Die Cis-Formen, d. h. die Violeo- und die Flavosalze sind nun weiterhin in Spiegelbildisomere spaltbar.

Ferner liefern die Chromverbindungen vom Typus der Cis-Dichloro-di-en-Salze: $[Cr\,en_2Cl_2]X$ derartige Isomere.

Besonders hervorzuheben sind die Carbonato- und Oxalato-di-en-Salze des Kobalts und Chroms, die keine Cis-Transisomerie, wohl aber Spiegelbildisomerie zeigen. In ihnen kann daher der Säurerest nicht die 1,6 Stellen besetzen, da dann, wie oben betont, keine Spiegelbilder entstehen, muß vielmehr im Sinne der Formeln

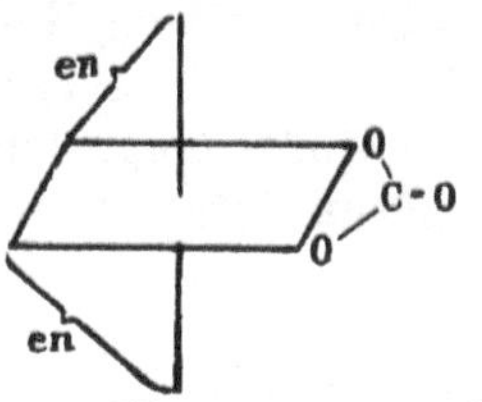

Fig. 38.

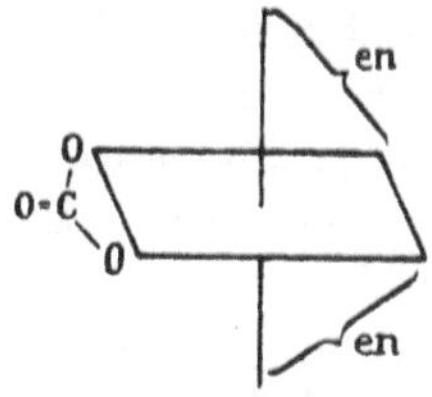

Fig. 39.

in zwei benachbarten Stellen stehen. Dieser Beweis für die Annahme, daß Carbonato- und Oxalosalze Cis-Verbindungen sind, spielt, wie schon im vorigen Abschnitt angedeutet wurde, eine Hauptrolle für die Konfigurationsbestimmung der Cis-Transisomeren.

Schließlich sei erwähnt, daß Spiegelbildisomerie auch noch bei Verbindungen des Typus $Me(en)_3$ nach folgendem Schema gefordert werden muß:

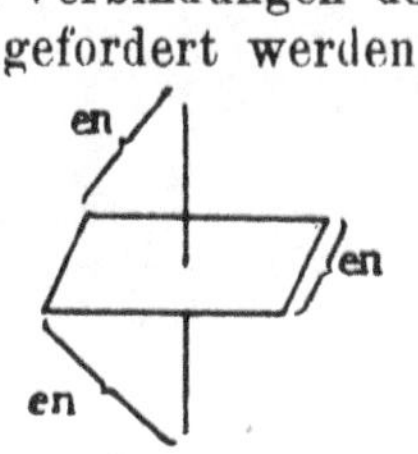

Fig. 40.

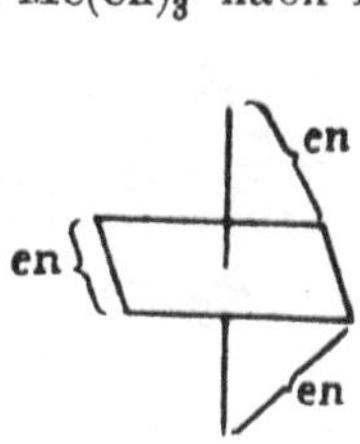

Fig. 41.

Auch dieser Fall ist in der Tat verwirklicht worden. Sowohl vom Kobalt, wie auch vom Chrom und Rhodium sind derartige Verbindungen dargestellt und in die optisch aktiven Komponenten zerlegt worden. Die Spaltung wurde z. B. beim

$$[Co(en)_3]Cl_3$$

mit Hilfe von *d*-weinsaurem Silber durchgeführt.

Endlich ist im Anschluß an die Verbindungen dieses Typus noch das Kalium-trioxalato-chromiat

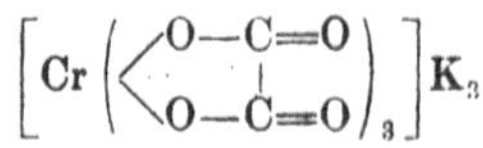

zu nennen, in dem der Komplex als Anion fungiert. Auch dieses Salz existiert, wie zu erwarten, in zwei spiegelbildisomeren Formen. Zur Spaltung wird hier eine Base, das Strychnin, verwendet. Es werden die trioxalatochromsauren Strychninsalze der *d*- und *l*-Form hergestellt und die Antipoden aus alkoholischer Lösung fraktioniert ausgeschieden.

Daß alle die Fälle, welche auf Grund der zunächst rein hypothetischen Oktaederformel gefordert werden müssen, verwirklicht werden konnten, darf als ein vollgültiger Beweis für die Richtigkeit unserer Vorstellungen vom Bau der Komplexverbindungen angesehen werden.

IV. Geschichtlicher Rückblick.

Im Anschluß an die Betrachtungen über die Koordinationslehre dürfte es nicht uninteressant sein, einige frühere Anschauungen über die Konstitution der Verbindungen höherer Ordnung kennen zu lernen.

Schon in der ersten Hälfte des vorigen Jahrhunderts haben diese Verbindungen, welche sich den althergebrachten Vorstellungen der Valenzlehre nicht fügen wollten, das Interesse der Chemiker in hohem Maße erweckt. Nach vielen unzulänglichen und daher bald wieder verlassenen Theorien gelang es als Erstem C. W. Blomstrand[1]), bis zu einem gewissen Grade, die Konstitution der Metallammoniake zu klären.

In Anlehnung an die Kettenformeln der organischen Chemie nahm er für diese Verbindungen ebenfalls kettenförmig aneinandergelagerte Ammoniakmoleküle an. Die Entstehung der Ketten wurde durch die Annahme von fünfwertigem Stickstoff erklärt. Die Tatsache, daß die Zahl sechs bei der Addition der Ammoniakmoleküle an Metallsalze eine bevorzugte Rolle spielt, war schon von Blomstrand hervorgehoben worden. Von der damals herrschenden Vorstellung ausgehend, daß dem Kobaltchlorid die bimolekulare Formel Co_2Cl_6 zukomme, gab er nun dem Hexamminkobaltichlorid folgende Formel:

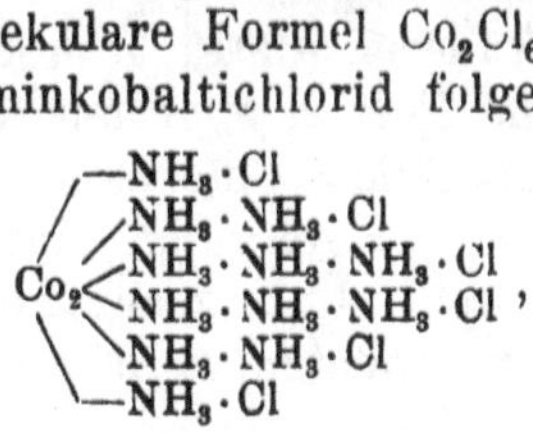

[1]) C. Wilhelm Blomstrand: Die Chemie der Jetztzeit (1869).

dem Kobaltochlorid die Formel:

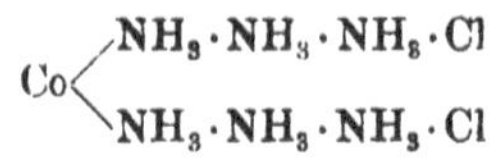

Die unsymmetrische Verteilung der Ammoniakmoleküle im Hexamminkobaltichlorid nahm Blomstrand an, um dem Pentamminchlorid, bei dem, wie auch ihm schon bekannt war, zwei Chloratome ein anderes Verhalten als die restlichen vier besitzen, die analog gebaute Formel

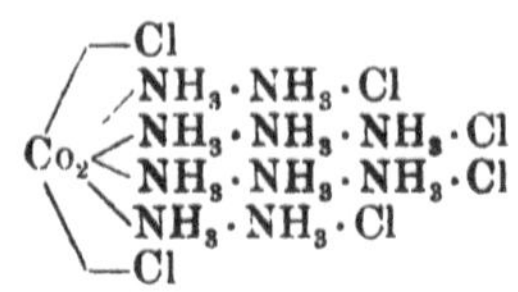

zuerteilen zu können. Hier sind durch den Austritt von Ammoniak zwei Chloratome in direkte Bindung zum Kobaltatom getreten und deshalb nicht mehr so reaktionsfähig. Wir sehen an diesem Beispiel bereits die ersten Anläufe zu dem später von Werner entwickelten Begriffe der direkten und der ionogenen Bindung.

Für die Doppelhalogenide nahm Blomstrand in ganz gleicher Weise eine Verkettung der Halogenatome unter teilweiser Erhöhung ihrer Wertigkeit an, gab als z. B. dem K_2PtCl_6 die Formel

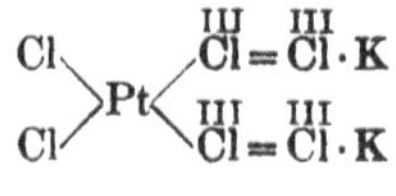

Wie aus unseren früheren Betrachtungen in Erinnerung ist, steht eine solche Formel aber mit dem völlig identischen Charakter sämtlicher Chloratome in Widerspruch.

Eine weitgehende Förderung, insbesondere durch zahlreiche experimentelle Untersuchungen, verdankt die Chemie der Komplexverbindungen Jörgensen. Er wies an der Hand von Molekulargewichtsbestimmungen nach, daß den Metallammoniaken die einfache Molekülgröße zukomme und formulierte dementsprechend das Hexamminchlorid als

$$\begin{matrix} Cl\cdot H_3N \\ Cl\cdot H_3N \end{matrix}\!\!>Co\cdot NH_3\cdot NH_3\cdot NH_3\cdot NH_3\cdot Cl\,,$$

das Pentamminchlorid als

$$\begin{matrix} Cl \\ Cl\cdot NH_3 \end{matrix}\!\!>Co\cdot NH_3\cdot NH_3\cdot NH_3\cdot NH_3\cdot Cl\,.$$

Alle diese Formeln sind aber deshalb unrichtig, weil nach ihnen bei den Triacido-Verbindungen, z. B. dem $Co(NH_3)_3(NO_2)_3$ keine Valenz für die NH_3-Moleküle freibleibt, wenn alle drei Säurereste am Zentralatom sitzen, was aber notgedrungen auf Grund der mangelnden Leitfähigkeit (vgl. S. 19) solcher Verbindungen verlangt werden muß. Jörgensen gab daher auch dieser Verbindung die Formel

$$Co\begin{matrix} \diagup NO_2 \\ -NH_3\cdot NH_3\cdot NH_3\cdot NO_2 \\ \diagdown NO_2 \end{matrix}\,,$$

nahm also für eine NO_2-Gruppe eine indirekte Bindung an. Durch den von Werner erbrachten Beweis, daß die Verbindung ein Nichtleiter sei, kam diese Art der Formulierung ins Wanken und wurde schließlich endgültig durch die Wernersche Anschauung verdrängt.

Die Koordinationslehre erklärt, wie wir sahen, die Entstehung, das chemische und physikalische Verhalten der Verbindungen höherer Ordnung ausnahmslos und einwandfrei. Als wichtigste Stütze der zunächt rein hypothetischen Vorstellung vom Bau der Komplexverbindungen ist die Tatsache anzunehmen, daß bisher alle auf Grund dieser Lehre vorauszusehenden Erscheinungen, vor allem das Auftreten bestimmter isomerer Verbindungen, sich haben verwirklichen lassen.

Metzger & Wittig, Leipzig.

www.ingramcontent.com/pod-product-compliance
Lightning Source LLC
LaVergne TN
LVHW091730021026
849161LV00003BB/530